KB213199

로키산맥 한달여행

로키산맥 한 달 여행

캐나다 로키 15일 + 미국 콜로라도 로키 15일

"여행자의 로망" 로키산맥의 역사와 문화까지 완벽 가이드

김춘석 지음

스타북스

여행도 가면 갈수록 그 매력에 빠져드는 것 같다.

작년까지 미국 횡단 여행을 두 번 하고 나서 올해 미국 종단 여행을 한번 가야겠다고 마음먹었다. 경치가 아름다워 세계적인 관광명소인 루이스호수, 모레인호수 등이 있는 캐나다 로키와 미국 로키를 한 달간 가기로 정하였다. 로키산맥 Rocky Mountains 은 캐나다 브리티시컬럼비아주에서 미국 뉴멕시코주까지 남북으로 4,500km에 걸쳐 뻗어있다.

여행지를 로키산맥으로 정하고 계획을 짜다 보니 건강 문제가 최우선 과제로 대두되었다. 높은 산 아래 도시와 경치를 돌아보기 위해 매일 이동하고 몇 km씩 걸어야 하는 한 달간의 일정은 무리라고 판단하였다. 그래서 캐나다 로키와 미국 로키를 15일씩 나누어 여행하기로 하였다.

캐나다 로키는 6월 10일부터 15일간 박승욱 사장, 안병주

사장과 함께 가기로 하고 미국 로키는 9월 19일부터 15일간 막냇동생 김춘우 사장과 둘이 가기로 하였다.

　미국 로키는 몬태나주(글레이셔 국립공원), 와이오밍주(옐로스톤 국립공원), 콜로라도주, 뉴멕시코주 등을 포함하는데 15일간의 짧은 일정과 옐로스톤 국립공원은 첫 번째 미국 횡단 여행 때 들렀기 때문에 콜로라도주의 로키만 돌아보기로 하였다.

　이로써 미국 종단 여행계획은 캐나다 로키와 미국 콜로라도 로키 여행으로 축소되었다. 그러나 로키산맥 종단의 꿈은 접었어도 아름다운 경치를 더 여유를 가지고 많이 구경할 수 있게 되었다고 생각했다.

　이번 로키산맥 여행을 마치고 돌아보니 지난 두 번의 미국 여행에서 경험하지 못했던 새로운 것이 몇 가지 있었다.

우선 캐나다 로키 여행 14일 숙박 중 13일 숙박을 밴프와 재스퍼 국립공원 내에 있는 호스텔Hostel 두 곳에서 한 것이었다.

맑은 공기와 녹음 우거진 숲속에서 지내다 보니 아침에 야생동물 엘크가 집 주위를 돌아다니기도 하였고 세수와 양치를 숙소 옆 계곡으로 가서 흐르는 물로도 하였다. 재스퍼의 멀린 캐니언 호스텔은 상하수도시설이 설치되어 있지 않아 샤워할 수가 없고 용변을 보려면 숙소 밖 허름하게 지어 놓은 푸세식 화장실로 가야 해서 불편한 점도 있었다.

그러나 이층침대가 한 방에 여러 개 있는 숙소라서 숙박 요금이 저렴하고 주방 시설을 갖추고 있어 음식을 요리해 들 수 있었다. 우리 팀원들도 최상급 소고기(A 플러스 트리플), 연어 등을 5번이나 구워 먹었고 길가 숲속에서 딴 야생 목이버섯으로 버섯 라면, 양파 목이버섯 볶음 등도 해서 들었다.

다음으로 밴프 국립공원 내 페어몬트 샤토 레이크 루이스 호

텔 1층 레스토랑에서 애프터눈 티 Afternoon Tea를 마신 것이었다. 팀원 3인이 홍차와 곁들여 나온 샌드위치, 초콜릿, 빵 등을 먹고 약 36만 원(캐나다 $ 350)을 계산하였는데 처음에 바가지를 쓴 기분이었다.

그러나 일생에 한 번쯤은 유네스코가 선정한 세계 10대 절경인 레이크 루이스와 빅토리아 빙하의 멋진 풍경을 감상하며 다과를 드는 호사를 누려보는 것도 괜찮다고 생각하였다. 창가에 앉아있던 한 남성이 무릎을 꿇고 연인에게 프러포즈하는 장면을 본 것은 보너스였다.

셋째로는 재스퍼 국립공원의 재스퍼 스카이 트램 Jasper Sky Tram 상부 승강장(2,236m)으로부터 눈 쌓인 휘슬러산(2,436m) 정상까지 왕복 약 1.5km를 다녀온 것이었다.

산 능선을 따라 땀 흘려 걸으며 바라본 재스퍼 시내와 그 뒤로 펼쳐진 로키산맥 연봉, 아이스필드 파크웨이와 애서배스카

강 등은 지금까지 산행 중 마주한 가장 빼어난 경관이었다.

넷째는 미국 콜로라도 로키에 4,300m 이상 산봉우리가 32 개나 되는데 로키마운틴 국립공원 트레일 릿지 로드 Trail Ridge Road(3,713m)를 비롯한 3,000m 이상 산 고개 Pass 6개를 오르내리며 바라본 눈 쌓인 산봉우리와 아스펜(북미 사시나무)의 노란 단풍잎으로 뒤덮인 산, 계곡, 호수, 강 등은 완전히 별천지였다.

다섯째는 콜로라도 로키의 방문할 명소를 출국 전에 예약하지 못해 고생한 것이었다.

로키마운틴 국립공원 베어 호수 Bear Lake로 가는 셔틀버스 예약은 신청서 작성 중 필자의 신상정보 자료가 입력되지 않아 예약을 마치지 못하고 9월 19일 미국으로 떠났었다.

9월 20일 로키마운틴 국립공원 방문자센터에 가서 신청서

를 작성하며 양식 전화번호 칸에 미국 국내 전화번호를 입력해야만 예약된다는 것을 알았고 10월 2일로 예약하고 돌아왔다.

듀랭고와 실버톤 간 협궤증기기관차 탑승은 9월 1일에 9월 28일 표를 예매하려 하였으나 9월분 예매가 종료되어 표를 예매하지 못하고 여행길에 올랐었다.

9월 26일 몬트로즈에서 3시간 30분을 달려 듀랭고역에 갔는데 다행하게도 다음 날 9시 45분 탑승권이 남아 있어 표를 구하여 돌아왔다.

다음 날 아침 5시 해뜨기 전 어둠 속에서 레드 마운틴 고개 Red Mountain Pass (3,358m)의 좁은 길을 굽이굽이 감돌아 듀랭고로 넘어갈 때는 머리털이 곤두서고 오금이 저렸다.

이번 여행에서 어깨 수술 후 왼쪽 팔걸이를 하고서도 동참한 박승욱 사장, 박승욱 사장의 몸 상태를 걱정하며 운전, 요리, 짐운반 등에 솔선한 안병주 사장, 미국 여행에 동행자가 없던

차에 쾌히 함께해 준 동생 김춘우 사장 등의 적극적인 협조로
유종의 미를 거둘 수 있었다.

이 세 여행 동반자께 한 번 더 감사의 마음을 전한다.

2025년 1월

남한강 변 여주도서관에서

PART 1 캐나다 로키 *Canadian Rockies*

PART 2 미국 콜로라도 로키 *Colorado Rockies*

여행계획 수립과 사전 준비

캐나다와 콜로라도 로키를 한 달간 여행하기로 확정하기까지 몇 가지 안案을 검토했었다.

미국 서부 태평양 연안을 따라 시애틀에서 샌디에이고까지 달리는 안(2,350km), 미국 동부 대서양 해안을 따라 보스턴에서 마이애미까지 가는 안(2,430km), 미국 중부 미시시피강을 따라 미니애폴리스에서 뉴올리언스까지 내려가는 안(2,150km) 등이 생각났다.

그러나 앞의 두 안은 그동안 방문했던 곳이 여럿 포함되어 있고 세 번째 안은 강을 따라 내려가는 단조로움이 있어 모두 매력을 느끼지 못하였다. 이후 캐나다까지 포함한 로키산맥의 산과 호수를 찾아가 보기로 마음먹었다.

캐나다 로키를 6월 10일부터 15일간, 미국 로키를 9월 19일

로키산맥 주요 국립공원

캐나다

요호 국립공원
채스퍼
국립공원
글레이셔 국립공원
밴프
국립공원
에드먼턴
마운트 레블스토크
국립공원
캘거리
밴쿠버
워터튼 레이크
국립공원
쿠트니
국립공원
시애틀
글레이셔
국립공원

옐로스톤
국립공원
그랜드 테턴
국립공원
미국
솔트레이크시티
로키마운틴
국립공원
시카고
샌프란시스코
블랙 캐니언 오브
더 거니슨 국립공원
덴버
그레이트샌드듄
국립공원
메사버드
국립공원
로스앤젤레스
휴스턴

부터 15일간 나누어 가기로 정한 후 네이버 검색창의 "부킹닷컴"에 들어가 항공권, 숙소, 렌터카 등을 예약하였다.

　필자와 박승욱 사장의 캐나다 로키로 직항하는 캘거리 왕복 항공권을 3월 8일에 예매(225만 원/인)하였는데 5일 후에 합류한 안병주 사장의 항공권은 30만 원이 오른 255만 원이었다.

　그래서 9월에 미국 콜로라도 로키로 가는 덴버 항공권(146만 원/인)은 동생과 둘이 가기로 확정한 후 즉시 5월 17일에 미리 예매하였다.

　캐나다와 미국 로키의 예약한 숙소는 10곳이었는데 28 숙박일 중 호스텔이 21박(1일 48 ~71천 원/인), 호텔이나 인Inn이 7박(1일 78~93천 원/일)이었다.

　이외에 방문할 캐나다 로키의 명소 중에서 사전 예약이 필요한 곳은 네이버 검색창 관련 홈페이지를 찾아가 예약하였다.

　밴프 스키장 곤돌라, 미네완카 호수 크루즈, 컬럼비아 대빙원 투어(설상차, 스카이 워크) 등 3종(249천 원/인), 레이크 루이스 스키장 곤돌라, 모레인 호수 셔틀버스 등 2종(100천 원/인), 멀린 호수 크루즈(91천 원/인), 재스퍼 스카이트램(76천 원/인), 샤토 레이크 루이스 호텔 레스토랑 애프터눈 티(6월 15일, 오후 2시 30분) 등이었다.

그러나 미국 콜로라도 로키에서 로키 마운틴 국립공원, 아스펜 마룬벨스 셔틀버스, 듀랭고와 실버톤 간 협궤증기기관차 등의 예약을 미리 하고서 갔어야 했는데 그러지 못하고 가서 고생을 많이 하였다.

자세한 내용은 본문에서 글을 써가면서 기술하고자 한다.

마지막으로 비자(캐나다, 미국)는 네이버 검색창에 들어가 인터넷으로 발급받았다. 국제운전면허증은 여주경찰서에 가서 발급받고 해외여행자보험은 항공권을 예매하며 가입하였다.

PART 1

캐나다 로키

Canadian Rockies

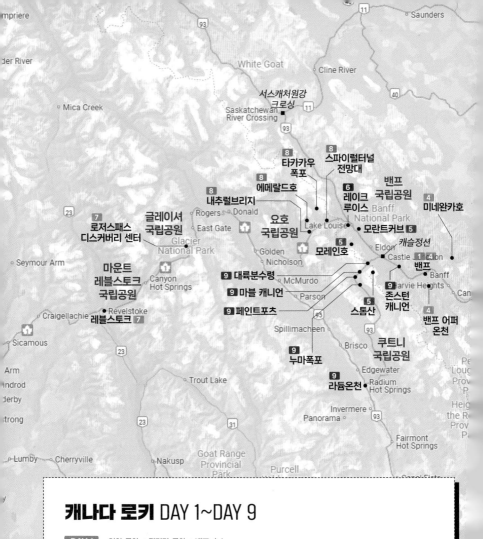

캐나다 로키 DAY 1~DAY 9

DAY 1 인천 공항 → 캘거리 공항 → 밴프 숙소

DAY 2 밴프 → 캘거리 타워 → 올림픽 공원 → 드럼헬러 티럴박물관 → 후두스 → 밴프

DAY 3 밴프 → 워터턴 레이크 국립공원(베이스 험프 트레일) → 워터턴호 → 워터턴-글레이셔 국제 평화공원 → 프린스 오브 웨일스 호텔 → 밴프

DAY 4 밴프 → 케이브 앤 베이슨 → 페어몬트 밴프 스프링스 호텔 → 보 폭포 → 밴프 서프라이즈 코너 → 밴프 곤돌라 전망대 → 미네완카호 → 투잭호 → 밴프 어퍼 온천 → 밴프

DAY 5 밴프 → 레이크 루이스 스키 리조트 → 모레인호 → 모란트 커브 → 스톰산 전망대 → 밴프

DAY 6 밴프 → 레이크 루이스역 → 레이크 루이스 → 페어 뷰 전망대 → 샤토 레이크 루이스 호텔 → 밴프

DAY 7 밴프 → 글레이셔 국립공원(로저스패스 디스커버리 센터) → 마운트 레블스토크 국립공원 → 레블스토크 철도박물관 → 밴프

DAY 8 밴프 → 스파이럴 터널 → 타카카우 폭포 → 히든 레이크 → 내추럴 브리지 → 에메랄드호 → 밴프

DAY 9 밴프 → 존스턴 캐니언 → 대륙 분수령 → 마블 캐니언 → 페인트 포츠 → 누마 폭포 → 라듐 온천 → 밴프

DAY 1

캐나다 로키의 관문 캘거리를 거쳐
밴프 국립공원으로

미국 남부 여행을 다녀온 지 1년여 만에 캐나다 로키 여행길에 올랐다.

인천공항에서 예정 시각보다 30여 분 늦게 출발하여 약 10시간 20여 분을 날아 오후 5시 30분경 캐나다 로키의 관문 캘거리에 도착하였다. 최근까지 캐나다 로키에 가기 위해서는 밴쿠버에서 환승하여 캘거리로 갔으나 올해 5월부터 캐나다 항공사 웨스트 젯 West Jet 이 캘거리 직항 노선을 신설하여 비행시간이 단축되었다.

캘거리 공항 밖으로 나가 왼쪽으로 가니 렌터카 회사들이 모여있었다. 한국에서 "부킹닷컴"을 통해 AVIS 렌터카 회사의 현대 엘란트라Elantra를 예약(15일, 93만 원)하였었으나 안병주 사장이 5일 후에 합류하여 조금 크고 운전이 편한 닛산Nissan SUV로 차종을 변경(165만 원)하여 임차하였다.

렌터카로 2시간을 달려 130여km 떨어진 밴프Banff 시내 밴프 호스텔에 도착하였다.

3월 6일 2인의 숙소를 예약하고 5일 후 1인을 추가 예약하였으나 최초 예약한 캐슬 마운틴Castle Mountain 호스텔에 빈방(침대)이 없어 안병주 사장은 2일을 이곳에서 혼자 숙박하고 3일째부터 3인이 함께 할 수 있었기 때문이었다.

안병주 사장을 밴프 호스텔 지하 1층 침대에 자리 잡아주고

숲속에 싸여있는 캐슬 마운틴 호스텔

저녁 식사를 하기 위해 주방으로 가서 라면 3개를 끓였다. 마침 주방에서 스파게티를 요리하고 있던 한국 30대 여성 여행객 3인과 인사를 나누었는데 직장에서 휴가를 받아 이곳에 와 10일간 머무를 계획이라고 하였다. 그들이 준 양파를 끓는 라면에 넣으니 맛이 더 나고 국물이 시원했다.

저녁을 들고 박승욱 사장과 캐슬 마운틴 호스텔로 차를 몰았다. 캐나다 1번 고속도로Trans-Canada Highway의 캐슬 정션Castle Junction 나들목으로 나와 호스텔을 찾았으나 통나무집 여러 채가 있는 캐슬 마운틴 샬레Chalets 호텔 간판과 두세 집에 불이 켜있고 주위에 이 호텔 이외에 다른 건물은 보이질 않았다.

샬레 호텔 사무실에 갔으나 문 앞에 "오후 9시 닫음Closed"이란 팻말만 걸려 있었다. 사무실 뒤쪽 한 통나무집에 불이 켜있어 들여다보니 두 남녀가 포도주를 마시고 있어 늦은 시간에 놀라고 분위기를 깰까 보아 문을 두드릴 수 없었다.

호텔 오른쪽 길인 보 밸리 파크웨이Bow Valley Parkway를 따라 위아래로 헤매고 있는데 조금 전 지나갔던 검은색 승용차 운전자가 우리 있는 곳으로 돌아와 어디를 찾느냐고 물었다. 그는 캐슬 마운틴 호스텔이 샬레 호텔 건너편 좁은 숲길로 가면 있다고 알려주었다. 고맙다는 인사를 하고 알려준 길로 200여m

캐슬 마운틴 호스텔 창밖 풍경

를 가니 그곳에 불이 켜있고 간판이 보였다. 호스텔에 들어가 늦어 죄송하다고 인사하며 벽시계를 보니 오후 11시가 넘어가고 있었다.

DAY 2

캘거리 시내와
드럼헬러의 공룡박물관

한밤중 잠결에 옆 침대 2층에서 자고 있던 박승욱 사장이 필자를 부르는 목소리를 들었다.

박승욱 사장은 캐나다로 여행 오기 20여 일 전에 왼쪽 어깨 인대 2곳을 다쳐 수술받고 회복하는 중으로 왼쪽 팔걸이를 하고 있었다.

이층 침대로 오르내리는 목제사다리가 높고 좁아 올라갈 때와 달리 혼자 내려오지 못하여 도움을 청하고 있었다. 아래로 내디디는 발과 겨드랑이를 잡아주어 내려오게 도와주고 그가 화장실을 다녀온 후에 필자의 1층 침대를 사용토록 하고 필자는 그가 자던 2층 침대로 올라갔다. 어제 방에 들어와 박승욱 사장이 1층 침대에서 자도록 해야 했는데 그러지 못해 미안했다.

옆 침대에서 나는 자명종 소리에 잠이 깨어 핸드폰을 켜보니 5시가 조금 지난 시각이었다.

조금 뒤척이다가 일어났는데 어제 여행객으로 가득 찼던 방의 14개 침대 중 10개 침대는 벌써 비어있고 주방에서는 요리하는 청년 3명도 보였다. 이후 호스텔에 있는 동안 이용자의 대부분이 청춘남녀라서 젊음의 활력과 그들의 화기애애한 분위기 속에서 어울려 지냈다.

밴프 호스텔로 가서 안병주 사장과 만나 사무실 옆에 있는 식당에서 햄버거, 소시지, 커피 등으로 아침을 들었다. 일반 호스텔은 주방만 있는데 이곳은 대형 호스텔이라 주방 외에 식당도 있어 편리했다.

아침을 든 후 오늘의 방문지인 캘거리 타워, 캘거리 올림픽 공원과 드럼헬러의 공룡박물관으로 가기 위해 동쪽으로 차를 몰았다.

캘거리 타워Calgary Tower는 1968년에 완공한 191m 높이의 전망대로 캘거리의 랜드마크 역할을 하고 있다. 전망대에 올라 서쪽으로 100여km 이상 거리에서 우측에서부터 미국 쪽으로

캘거리 타워(좌측 도로 뒤 적갈색과 흰색 구조물)

힘차게 이어 달리고 있는 로키산맥의 눈 쌓인 산봉우리들을 바라보았다. 내일부터 캐나다를 떠나기 전날까지 13일 동안 저 산속에서의 여행이 무사하기를 빌었다.

타워를 한 바퀴 돌아보고 내려와 차를 몰고 주차장 출구 정산기 앞으로 갔으나 정산기 화면에 주차비가 뜨지 않고 차단기도 열리지 않았다.

차에서 내려 멀리서 작업을 하고 있던 관리직원에게 사정을 말하였더니 주차장에 들어갈 때 주차 카드를 뽑지 않은 것이 문제였다. 주차장에 들어갈 때 자동으로 차량 번호판과 시간이 찍히는 자동 시스템이 아니었다.

주차 시간이 몇 시간인지 모르겠다고 난감해하는 관리직원에게 우리가 타워에 올라갔던 관광객이란 것을 설명하여 주차를 한 시간만 한 것으로 간주하여 주차비를 계산하고 나왔는데 20분이나 걸렸다.

점심을 한식당인 한국관 Korean Village Restaurant에서 돌솥비빔밥으로 들고 캘거리 올림픽공원으로 갔다.

1988년 9월 서울에서 제24회 하계올림픽이 개최되었는데 이보다 7개월 앞선 2월 캘거리에서 제15회 동계올림픽을 개최하여 한국에 많이 알려진 도시였다.

캘거리 동계올림픽까지 우리나라는 동계올림픽에서 메달을 따지 못하였고 다음 대회인 1992년 프랑스 알베르빌 올림픽에서야 김윤만 선수가 최초의 메달(스피드스케이팅 1,000m, 은메달)을 따고 김기훈 선수가 최초의 금메달(쇼트트랙 1,000m)도 획득하였다.

캘거리 올림픽공원

캘거리 올림픽공원에 가니 정문 왼쪽 벽에 동계 스포츠 선수들이 경기하는 장면들을 그려놓았고 그 앞에는 자메이카란 글씨가 새겨진 봅슬레이 썰매가 놓여 있었다.

이 썰매는 캘거리 올림픽에서 카리브해의 열대 섬나라 자메이카 선수들이 탔던 썰매 같았다. 자메이카 선수들은 서울올림픽 예선에서 탈락한 육상선수들이 주축이 되어 3개월간 훈련 후 캘거리 동계올림픽에 참가하여 예선 탈락하였으나 큰 화제를 모았고 1993년에는 "쿨 러닝 Cool Running"이란 영화로도 각색, 제작되었다.

봅슬레이 썰매를 타고 사진을 찍고 나서 올림픽공원 내 시설과 박물관을 보러 갔다.

올림픽공원에는 36년 전 스키 선수들의 열기로 뜨거웠을 스키 점프대, 봅슬레이 코스, 리프트 등이 제자리를 지키고 있었고 인적이 없는 시설 주변에는 민들레꽃이 여기저기 피어 있었다. 겨울에는 스키장으로 사용되고 여름에는 집라인 zip line, 암

자메이카 봅슬레이 썰매를 탄 필자

벽 등반, 봅슬레이, 산악자전거 등의 스포츠나 체험활동을 즐길 수 있다고 한다.

이후 올림픽 공원 오른쪽에 떨어져 있는 캐나다 스포츠 명예의 전당Canada's Sports Hall of Fame과 박물관으로 갔으나 코로나19 팬데믹으로 인해 2020년 폐쇄되었다고 하여 발길을 돌려야 했다. 귀국 후 자료를 찾아보니 박물관은 가상박물관으로 개편하였고 소장하였던 16만 점 이상의 사진과 유물은 2023년에 캐나다 역사박물관으로 이관하였다고 한다.

왕립 티럴 박물관 전시 공룡 화석

오늘의 마지막 방문지 드럼헬러Drumheller의 공룡박물관으로 향하였다.

드럼헬러는 캘거리에서 북동쪽으로 110km 떨어져 있는 작은 마을로 퇴적층 암벽 지형과 세계 최대 공룡화석 발굴지로 유명하다. 7월에서 8월에 캘거리로부터 드럼헬러로 올라가면 도로 양쪽에 노란 유채꽃이 만발한 멋진 풍경을 볼 수 있다고 하는데 6월이라 푸른 초원만 펼쳐져 있었다.

2시간여를 운전하여 왕립 티럴 박물관Royal Tyrrell Museum에 도착하였다. 안으로 들어가니 어른들과 함께 온 어린이가 많았

왕립 티럴 박물관 전시 공룡 표본

드럼헬러에 있는 티라노사우루스 공룡 조형물

는데 공룡이 어린이들이 좋아하는 주제 중 하나란 것을 확인하는 장소였다. 이 박물관에는 고생물 표본 16만 점을 소장하고 있고 그중 800여 점을 전시하고 있다고 하는데 전시한 다양한 종류의 공룡화석과 모형들을 보니 공룡이 살았던 6,500만 년 전 중생대로 돌아가 있다는 느낌이 들었다.

박물관을 나와 드럼헬러 관광안내소 옆에 있는 세계 최대 공룡 조형물을 보러 갔다. 세계 최대 공룡화석 발굴지임을 홍보하고자 2000년에 강철, 유리섬유 등으로 만든 26m 높이의 티라노사우루스 공룡 모형이었다.

조형물 안으로 들어가 106계단을 오르면 공룡 입으로 올라가 시내를 조망할 수 있다고 하는데 주위에서만 구경하고 올라가지는 않았지만 정말 거대하고 실물 같았다.

조형물을 본 후 드럼헬러에서 남쪽으로 15km 지점에 있는 후두스 Hoodoos로 갔다. 내비게이션에 "후두스"가 아닌 "후두스 트레일 Hoodoos Trail"로 입력해야 했다. 후두스는 오랜 세월에 걸친 풍화 작용으로 인해 부드러운 부분이 침식되어 형성된 버섯 모양의 거대한 사암 기둥들이 모여있는 지역인데 이색적인 풍경을 연출하고 있었다.

후두스 경치를 철제 난간을 따라 돌며 구경하였는데 사암 기

드럼헬러의 후두스

후두스 뒤쪽 퇴적층 바위산

둥 중 일부가 버섯갓 모양이나 그 아랫부분이 바닥에 떨어져
있는 것을 보니 긴 세월이 지나면 많이 무너져내릴 것 같았다.

후두스 뒤쪽은 가파른 퇴적층 바위산인데 올라가는 관광객
들도 있었으나 하늘이 어두워지고 비가 내릴 조짐이라 주차장
으로 내려왔다.

캘거리로 가는 도로에 올라 얼마 지나지 않아 굵은 빗방울이

세차게 떨어지기 시작하였다. 윈도우브러쉬를 세게 돌려도 앞이 잘 보이지 않아 속도를 30km 정도로 낮추었다.

　오후 9시경에 밴프 호스텔에 도착한 후 라면, 햇반, 김치 등으로 늦은 저녁 식사를 하였다.

DAY 3

워터턴 레이크 국립공원의
베어스 험프 트레일

오늘은 미국 몬태나주 글레이셔 국립공원과 맞닿아 있는 워터턴 레이크 국립공원을 다녀오는 날이었다.

밴프 호스텔로 가서 전날과 같이 구내식당에서 아침을 먹었다. 판 케이크(2인분, 1인분 3장씩), 토스트(2인분), 커피 등을 주문하였는데 양이 많아 오후 2시 지나 점심을 들 때까지 배가 고프지 않았다. 2일간 이곳에서 숙박한 안병주 사장이 캐슬 마운틴 호스텔로 함께 가는 날이라 짐을 챙겨 차에 싣고 남쪽으로 향하였다.

눈 쌓인 로키산맥 봉우리들과 그 아래 자리한 마을, 목장들의 아름다운 경치를 보며 4시간여를 달려 워터턴 레이크 국립공

로키산맥 연봉 아래 소들이 풀을 뜯고 있는 목장

원에 도착하였다.

　워터턴 레이크 국립공원은 로키의 웅장한 풍경과 20여 개의 트레일을 즐길 수 있는 곳인데 그중 가장 인기 있고 워터턴 호수를 내려다볼 수 있는 베어스 험프 트레일 Bear's Hump Trail을 가기로 하였다.

　방문자센터 바로 뒤편에서 시작하여 가파른 편도 1.5km의

워터턴 호수와 워터턴 마을

길을 지그재그로 걸어 올라갔는데 바람이 세게 불어 땀이 별로 나지 않았다.

산꼭대기에 올라서니 세찬 바람에 몸의 중심을 잡기가 힘들고 눈을 제대로 뜰 수도 없었으며 앞쪽으로 더 가면 석회암 절벽이라 위험하여 조심해야 했다.

파란 하늘과 그 아래 푸른 색깔의 호수, 호수 양편으로 높이 솟은 로키의 연봉, 호숫가에 자리한 마을 등의 아름다운 경치가 한눈에 들어왔다.

몸이 이리저리 흔들려도 앞에 파노라마처럼 펼쳐진 멋진 풍광에 취해 카메라에 한 장면이라도 더 담느라 한참을 그곳에 머물렀다.

산에서 내려와 워터턴 호 마을 베이쇼어 인 앤 스파Bayshore Inn & Spa 호텔 식당에서 호수를 바라보며 치킨 데리야끼 덮밥으로 멋진 점심을 들었다.

점심 후 호숫가를 조금 걸어가니 워터턴 글레이셔 국제 평화공원이 나타났다. 캐나다 워터턴 레이크 국립공원과 자연 지리적으로 이어져 있는 미국 글레이셔 국립공원을 양국의 평화와 우호 증진의 상징으로 1932년 통합하여 최초의 국제 평화공원을 창설하였다. 이로써 두 공원 사이의 자유로운 왕래가 가능

워터턴 호수와 워터턴 마을

워터턴-글레이셔 국제 평화공원의 기념 비석(뒤 녹색 지붕 건물은 프린스 오브 웨일스 호텔)

하게 되었고 1995년에는 유네스코 세계 유산 목록에도 등록되었다.

국제 평화공원 인근의 선착장에서 유람선을 타면 미국 쪽의 고트하운트Goathaunt까지 다녀올 수 있다고 하는데 일정상 다음 기회로 미루었다.

돌아가는 길에 호수 언덕 위 그림같이 아름다운 프린스 오브 웨일스 호텔Prince of Wales Hotel을 보러 갔다.

이 호텔은 1927년에 지어진 목조건물로 캐나다 홍보 팸플릿에도 자주 등장한다. 호텔 안으로 들어가니 높은 천장과 고풍스러운 가구, 샹들리에 등이 인상적이었고 직원들도 전통 복장을 하고 있었다.

1층 카페에서 커피 한잔을 마시고 싶었으나 빈 좌석이 없어 밖으로 나와 호수 쪽으로 갔다. 로키산맥의 눈 쌓인 산들 사이로 미국국경 너머까지 뻗어있는 워터턴 호수는 무릉도원 입구에 깔아놓은 푸른 카펫 같았다.

워터턴 호수 언덕 위 프린스 오브 웨일스 호텔

프린스 오브 웨일스 호텔 앞 워터턴 호수 전경

　　내비게이션에 숙소 근처에 있는 "레이크 루이스" 마을을 입력하고 호텔을 나서 얼마를 가다 보니 차가 미국 방향인 남쪽으로 가고 있었다. 무언가 잘못된 것을 감지하고 내비게이션에 "캘거리"를 다시 입력한 후 차 머리를 돌렸다. 귀국 후 미국 몬태나주 지도를 찾아보니 글레이셔 국립공원에서 멀지 않은 곳에 "루이스 타운"이란 마을이 있었는데 아마도 내비게이션이 그 도시로 안내한 것 같았다.

북쪽으로 캘거리까지 올라가며 창밖을 보니 오른쪽으로는 지평선이 이어지고 푸른 초원 중간중간 목장의 소 떼들이 한가로이 풀을 뜯는 목가적인 풍경이 계속 스쳐 지나갔다.

DAY 4

밴프 시내와
미네완카 호수 크루즈

한 달 전에 예약해 놓은 밴프 곤돌라(10:30~11:50) 탑승과 미네완카 크루즈(15:00)를 하고 그 남는 시간에 밴프 국립공원의 중심 마을인 밴프 주위의 명소를 돌아보는 날이었다.

밴프 국립공원은 대륙 횡단 철도 공사 당시 노동자 3명이 온천을 발견해 1885년 정부가 그 일대를 보전지구로 지정하면서 캐나다 최초이며 세계에서 세 번째 국립공원으로 탄생하였다. 공원 안에는 빙하로 덮인 높은 산과 빙하가 녹아내려 생긴 호수가 절경을 이루고 있고 수많은 야생동물과 식물들이 어우러져 살아가고 있다.

아침 8시경 숙소를 출발하여 케이브 앤 베이슨Cave and Basin

으로 갔다. 이곳은 캐나다 횡단 철도 건설 노동자들이 발견한 온천으로 발견 당시에는 실제로 온천욕을 하였으나 지금은 온천욕이 금지되었고 국립 역사 유적지로 지정, 관리되고 있다.

관람료를 받는 건물을 통해 동굴 안으로 걸어가면 케이브 앤 베이슨을 볼 수 있다고 하는데 개장(9:30) 전이라 보지 못하고 건물 뒤쪽으로 올라가 온천수가 솟아 내려오는 곳으로 갔다.

달걀 썩은 냄새와 같은 유황 냄새가 코를 찌르는데 안내판에 는 이곳이 밴프 스프링스 달팽이 Banff springs snail (멸종위기종)의 서식지이기도 하다고 적혀있었다.

케이브 앤 베이슨 위쪽 샘

다음 방문지인 페어몬트 밴프 스프링스 호텔Fairmont Banff Springs Hotel로 향했다.

이 호텔은 밴프 일대가 국립공원으로 지정된 지 3년 후인 1888년에 개장한 이후 지금까지 밴프 국립공원의 랜드마크 역할을 해오고 있다. 호텔 내부에는 1,255개(개장 당시는 850개) 객실과 상점, 레스토랑, 골프장 등이 있는데 캐나다 로키가 관광지로 명성을 날리는 데 크게 이바지하였다고 한다.

호텔에 가서 주차장을 두 바퀴나 돌았으나 빈 주차 공간이 없어 아래쪽 길로 우회전하여 보 폭포Bow Falls로 갔다. 보 폭포는 크고 웅장하지는 않으나 인디언의 추격과 험난한 뗏목 탈출을 내용으로 한 마릴린 먼로Marilyn Monroe 주연의 영화 "돌아오

밴프 국립공원의 보 폭포

페어몬트 밴프 스프링스 호텔 뒤 전망대에서 본 보강 풍경

지 않는 강River of No Return(1954년)"의 배경으로 유명해져 많은 관광객이 찾아오고 있다.

　폭포 앞에서 사진을 찍고 더 높은 곳에서 바라보고자 뒷산으로 올라갔더니 페어몬트 밴프 스프링스 호텔 뒤 야외 전망대가 보였다. 전망대에 오르니 산책 나온 백인 노부부가 있어 인사를 나누고 서로 사진도 찍어주었다. 그곳에서 한눈에 들어오는 보강Bow River 급류의 은물결, 양쪽 강변의 침엽수림, 앞 설산 봉우리 등의 경치는 일품이었다.

밴프 서프라이즈 코너에서 바라본 페어몬트 밴프 스프링스 호텔

호텔 뒤에서는 숙박객과 호텔 관계인들만 호텔 내부로 들어
갈 수 있기에 호텔 1층 로비를 구경하지 못하고 보 폭포 주차장
으로 내려왔다.

이 호텔을 멀리서 바라볼 수 있는 밴프 서프라이즈 코너Banff
Surprise Corner로 갔다. 전망대 주차장이 가득 차서 한 바퀴를 돌
고 나서야 빈자리가 하나 나 간신히 주차하였다. 전망대에 오
르니 아래로 보강이 흐르고 그 건너편 설퍼산Mt. Sulpur을 배경
으로 숲속에 우뚝 솟아있는 밴프 스프링스 호텔은 유럽의 고성
같이 위풍당당하고 아름다웠다.

밴프 곤돌라 탑승 시간에 늦지 않기 위해 20여 분 일찍 탑승장에 도착해 보니 대기 줄이 건물 밖 주차장 부근까지 길게 이어져 있고 동양인들도 많았다. 주차장에는 "롯데 관광"이라고 옆면에 쓴 버스가 있었는데 우리 여행 팀원들과 함께 3일 전 캐나다 직항편으로 캘거리에 온 관광객들일 것 같다는 생각이 들었다.

곤돌라를 타고 설퍼산 전망대에 오르니 눈 앞에 펼쳐진 경치는 압권이었다. 터널산Mt. Tunnel 아래 밴프 마을과 이를 감싸고 돌아 흐르는 보강, 그 너머 캐스케이드산Mt. Cascade, 미네완카 호수Lake Minnewanka 등과 주변의 눈 덮인 산봉우리들은 감탄사

밴프 곤돌라 전망대에 선 여행 팀원 3인(왼쪽부터 박승욱 사장, 필자, 안병주 사장)

밴프 곤돌라 전망대 앞 전경(왼쪽 중간 주황색 부분 주위가 밴프 마을)

가 절로 나오게 했다.

한 중년여성이 아들인 듯한 청년과 사진을 찍고 있어 "한국인"이냐고 물었더니 "중국인"이라 답하기에 조금 당황스러워 "중국이 최고"라고 답하며 엄지척하니 웃음을 지었다.

서로 일행들이 함께한 사진을 찍어주고 헤어진 후 목조 데크로 이어진 산책로를 따라 걸으며 경치를 감상하였다.

곤돌라를 타고 내려와 밴프 시내로 점심 식사하러 가는 도중에 캐스케이드 오브 타임 정원Cascade of Time Garden에 들렸다.

이 정원에는 1937년에 지어진 캐나다 공원을 관리하는 연방건물Administration Building of Parks Canada이 있는데 설퍼산을 배경으로 하고 건물 앞 넓은 꽃밭에는 여러 가지 꽃들이 피어있어 고풍스럽고 예뻤다. 연방 건물 정문 앞쪽으로 밴프 시내와 3,000m에 달하는 캐스케이드산이 어우러진 모습이 아름다워 이를 카메라에 담기 위해 찾아오는 여행자들도 많다고 한다.

시내 중심지에 있는 한식당 "서울옥Seoul Country Korean Restaurant"에서 점심으로 돌솥비빔밥, 해물 순두부 등을 들고 종업원에게 물어 대형 식료품 마트(IGA Banff)를 찾아갔다. 호스텔에서 아침, 저녁으로 음식을 요리해 들고자 식빵, 소고기, 달걀, 사과, 양파, 식용유 등을 샀는데 최고급 소고기 A 플러스

캐스케이드 오브 타임 정원(오른쪽 아래 꽃을 심고 있는 직원)

트리플 등심 스테이크sirloin steak 3팩 가격이 $25(약 25 천원)로 우리나라의 20% 수준으로 저렴하였다.

밴프 국립공원이 자리한 앨버타주는 우리나라보다 면적(66만 평방 km)이 6배 이상 넓으나 인구(480만 명)는 9% 정도밖에 되지 않는다. 그러나 소 사육 두수는 492만 두(2023년 말 기준)에 달하여 소 숫자가 사람 수보다 많다 보니 소고기 가격이 저렴한 것 같았다.

식료품을 구매한 후 미네완카 호수의 크루즈를 하기 위해 차를 몰았다.

미네완카 호수Lake Minnewanka는 동서로 길게 뻗은, 밴프 국립공원에서 가장 큰 호수인데 1895년 이 호수 서쪽 끝에 처음 댐을 건설했으며 지금의 댐은 1941년에 지었다고 한다. 이곳 원주민들은 이 호수를 신성시하여 "영혼의 호수"라 했는데 캐나다로 이주한 유럽인들은 "악마의 호수"라 불렀다고 한다.

울창한 숲길을 따라 15분 정도 달리니 미네완카호수가 나타

미네완카 호수 크루즈 선착장

미네완카 호수와 눈 쌓인 산

났다. 매표소에서 예약한 내용을 간단히 확인받고 보트에 올랐는데 30여 명의 관광객이 있었다. 보트가 출발한 지 얼마 지나지 않아 젊은 남성 가이드가 이 호수와 주위 자연환경 등에 관한 안내를 시작하였다.

호수의 길이(21km), 깊이(142m), 계절별 수면 높이 차(6m), 미네완카의 어원 미니mini는 인디언들의 "물"(미국 중북부 주 이름인 미네소타는 물이 많다는 뜻이란 예도 들음)에서 왔다는 등의 설명을 듣다가 지루하여 보트 뒤로 나가 경치를 감상하였다.

왕복 1시간가량의 크루즈인데 반환점에서는 엔진을 끄고 잠시 멈추어 관광객들이 호수 한가운데서 주변 경관을 둘러보게 해주었다. 눈 쌓인 높은 산봉우리들과 짙푸른 호수는 대자연의 장엄함과 신비스러움을 느끼게 하였다.

보트에서 내려 댐 위에 난 길을 따라 밴프 시내로 가다 보니 멋진 투 잭 호수Two Jack Lake가 나타났다.

호숫가에는 돗자리를 깔고 누워서 쉬는 사람들, 피크닉 의자에 앉아 이야기를 나누는 사람들, 카약과 패들보드 등을 타려고 준비하는 사람들 등 여유롭게 즐기는 사람들이 많았다.

오른쪽에 호수 안쪽으로 돌출한 섬 모양의 작은 숲은 재스퍼 국립공원 멀린호수 안에 있는 아름다운 섬(스피리트 아일랜드)과 비슷한 풍경이었다.

이 작은 숲에도 사람들이 들어가 쉬거나 걸으며 한가롭게 오후 시간을 보내고 있었다.

오늘의 마지막 방문지 밴프 어퍼 온천Banff Upper Hot Springs으로 향하였다.

이 온천은 케이브 앤 베이슨 온천이 발견된 다음 해인 1884년에 발견되어 로키의 역사와 함께한 야외 온천장이다. 풀장은 하나로 작은 편인데 온천물에 유황이 함유되어 있어 관절염이

투 잭 호수와 런들산

있는 사람들에게 인기가 있고 특히 겨울에는 스키를 탄 후 언 몸을 녹이고 피로를 풀기 위해 많이 찾는다고 한다.

가져간 수영복을 입고 풀장에 들어가 30여 분을 탕 속에 앉아있었더니 4일간의 피로가 좀 가시는 것 같았다. 설퍼산 중턱에서 눈 덮인 산봉우리들과 침엽수 숲을 바라보며 하는 온천욕은 운치가 있었다.

풀장 안 옆에 있던 한국인 관광객과 이야기를 나눴는데 경기도 이천의 현대전자(현 SK하이닉스)에서 16년간 근무하고 퇴직한 후 미국으로 와 텍사스주 오스틴시에 살고 있다고 하였다.

현대전자에 재직 시 필자의 고향 여주의 남한강 변 민물매운탕 식당에 여러 번 갔었다며 반가워했다. 자녀들이 모두 취업하거나 결혼하여 떠나고 나이 들수록 한국 생각이 많이 나서 노년에는 귀국하여 고향 전주 인근에서 보내고자 한다고 했다. 그의 말을 들으며 여우가 죽을 때 머리를 자기가 살던 굴 쪽으로 둔다는 "수구초심首丘初心"이란 단어가 생각났다.

숙소로 돌아와 오후에 쇼핑한 A 플러스 트리플 등심 소고기로 저녁 준비를 하였다. 프라이팬에 식용유를 두르고 소고기를 익히며 소금을 조금 뿌리고 나서 잘라 드니 육즙이 많고 연하여 맛이 최고이었다.

저녁 식사 후 필자의 이층침대 아래에 있는 "예나"라고 하는 청년 여행자와 대화를 나누었다. 미국 유타주에 살고 있다고 하여 필자가 그곳의 자이언 캐니언, 브라이스 캐니언, 아치스 등 국립공원을 전에 갔었다고 하니 무척 기뻐했다.

대화를 이어가다 그가 카드 게임을 하자고 제안하였으나 카

밴프 어퍼 온천

드 게임을 잘못하고 피곤하여 제안을 거절한 후 나중에 보니 거실에서 옆방의 여성을 포함하여 5명이 카드 게임을 하고 있었다. 호스텔이 젊은이들의 대화와 교류의 장을 넓히는 공간이란 것을 실감하였다.

DAY 5

아름다워 캐나다 지폐에도 등장했던
모레인 호수

모레인 호수를 보러 가는 날인데 호수까지 개인차량을 가져
가지 못하게 되어 있어 셔틀버스를 타야만 되었다. 캐나다 관
광청에서 운영하는 캐나다 공원 예약Parks Canada Reservations 홈
페이지에 들어가 예약하였다. 모레인호수와 레이크 루이스만
가는 셔틀버스는 매진되고 레이크 루이스 스키 리조트 곤돌라
Lake Louise Ski Resort Gondola와 함께 예약하는 표만 남아 있어 이
를 예매하였었다.

스키 리조트에서 9시 30분에 곤돌라를 타고 전망대에 오르
니 멀리 레이크 루이스, 페어몬트 샤토 레이크 루이스 호텔, 빅
토리아산 등의 경치가 한 폭의 풍경화같이 펼쳐져 있었다. 그

러나 날씨가 약간 흐려 호텔과 주위 경치가 선명하게 보이지 않았고 눈 쌓인 빅토리아산 윗부분은 구름에 가려 있어 아름다우면서도 신비스러웠다.

스키 리조트 주차장으로 내려와 모레인 호수로 가는 셔틀버스에 올랐다. 레이크 루이스에서 20분 거리(15km)인 모레인 호수로 가는 동안 버스가 한번 정차하였는데 왼쪽 길가에 검은색 곰 한 마리가 숲속으로 들어가고 있었다. 미국이나 캐나다 로

레이크 루이스 스키 리조트 곤돌라 전망대에서 본 레이크 루이스 전경

밴프 국립공원의 모레인 호수

키의 국립공원에서 차로 이동하다가 정차하거나 길게 줄을 서
는 경우가 많았는데 대개 곰, 사슴 등 야생동물들을 만나 구경
하거나 사진을 찍기 위해서였다.

　모레인 호수 Moraine Lake 는 알렌산 Mt. Allen 등 3,000m가 넘

는 10개 산봉우리 텐 피크스Ten Peaks에 둘러싸여 있는 청록색 (에메랄드색, 옥색, 비취색)의 호수이다. 빙하에 의해 생긴 호수들이 청록색을 띠는 이유는 빙하가 산비탈을 내려올 때 깎인 미세한 암석 입자(석회질)가 호수에 쌓여 푸른색을 띠거나 반사되기 때문이라고 한다.

이 호수는 1979년 이전 캐나다에서 사용되었던 20달러짜리 지폐의 뒷면 그림으로 인쇄되었을 정도로 아름다운데 "로키산맥의 보석"이라고도 불린다.

주차장에서 가까운 모레인 호수 전망대 록 파일Rock pile에 올라 사진으로만 보았던 절경 앞에 서서 감탄사를 연발하며 한동안 경치에 취해 있었다.

에메랄드색 호수는 보는 위치, 날씨 등에 따라 색깔이 바뀌어 더 흐려진 날씨에 호숫가로 내려가 바라본 물 색깔은 푸른색에 더 가까워져 있었다.

여름 전인 6월이라서인지 호수의 물이 줄어들어 오른쪽 호숫가 바닥이 많이 드러나 있었는데 물이 가득 차면 경치가 더 아름답고 완벽할 것이란 생각이 들었다. 물가를 걷고 나서 돌아가는 셔틀버스를 기다리는 중에 이 아름다운 호수를 한 번이라도 더 보기 위해 호수 쪽으로 올라갔었다.

밴프 국립공원의 모레인 호수

레이크 루이스 스키 리조트 주차장으로 내려온 후 숙소로 가서 쉬기로 했다.

보 밸리 파크웨이Bow Valley Parkway를 통해 갔는데 이 도로 (1A 번)는 캐나다 대륙 횡단 1번 고속도로가 개통되기 전 밴프와 레이크 루이스를 이어주었던 55km의 도로이었다. 빽빽한 삼림 사이에 난 길을 따라 조금 가니 사진기사 니콜라스 모란트Nicholas Morant가 이곳에서 찍은 아름다운 사진으로 유명해진 모란트 커브Morant's Curve가 보였다. 기찻길이 보강Bow River 옆을 감싸고 돌아가고 있고 그 너머로는 빼곡한 침엽수림과 눈 쌓인 웅장한 로키의 산들이 좌우로 펼쳐져 환상적인 경치를 연

보 밸리 파크웨이 모란트 커브 전 전망대에서 본 기찻길

보 밸리 파크웨이의 모란트 커브

~~~~~~~~~~~~~~~~~~~~~~~~

출하고 있었다. 기찻길 위에 오가는 기차를 본다면 금상첨화이
겠으나 언제 올지 모를 기차를 마냥 기다릴 수 없어 전망 장소
에서 내려왔다.

모랜츠 커브에서 얼마 지나지 않은 곳에 스톰산 Storm

아름다워 캐나다 지폐에도 등장했던 모레인 호수 **075**

Mountain 전망대가 나타났다. 민들레꽃이 활짝 핀 언덕 아래 기찻길이 직선으로 달리고 에메랄드빛 보강과 더 가까이 보이는 침엽수림, 스톰산 봉우리들은 모란트 커브 못지않은 아름다움을 뽐내고 있었다.

숙소 식당에서 라면, 계란프라이, 김치 등으로 점심을 들며 박승욱 사장이 여주에서 여행 가방에 넣어온 소주 팩을 꺼내

스톰산 전망대에서 본 보강과 스톰산

술을 곁들이니 분위기가 한층 부드러워지고 여유로워졌다.

　점심 식사 후 필자는 오후 4시경부터 잠을 자며 휴식을 취하였는데 박승욱 사장과 안병주 사장은 그동안에 모아둔 빨랫감을 들고 세탁실로 향하였다.

DAY 6

유네스코가 세계 10대 절경으로 꼽은 레이크 루이스

레이크 루이스는 유네스코가 세계 10대 절경으로 꼽고 영국 BBC가 선정한 "죽기 전에 가봐야 할 곳 50곳" 중에서 11위에 오를 정도로 아름다운 캐나다 로키를 대표하는 경치이다. 아침을 토스트, 사과, 커피 등으로 간단히 들고 레이크 루이스로 차를 몰았다.

레이크 루이스로 가기 전에 레이크 루이스역Lake Louise Railway Station에 잠시 들렀다. 예전에는 레이크 루이스를 구경하려는 관광객이 오가는 기차역이었으나 지금은 역이 폐쇄되어 기차 역사와 객차 두세 칸을 고급 레스토랑으로 개조하여 영업하고 있다.

레이크 루이스역

이 역사는 1965년에 개봉한 영화 "닥터 지바고Doctor Zhivago"
에서 주인공 유리 지바고가 여자 친구 라라와 헤어지는 장면을
촬영한 장소로 유명해져 관광객들이 많이 찾는 곳이다. 이른
아침 시간이라 오가는 사람은 없고 예전에 관광객들로 붐볐을
역사와 객차만이 우리를 맞이하여 고요하고 쓸쓸했다. 객차와
역사 주변을 둘러보고 사진을 찍은 후 레이크 루이스로 갔다.

아침 이른 시간이라 여유롭게 주차하고 레이크 루이스로 가
는데 빗방울이 흩뿌려 걱정을 많이 하였으나 얼마 지나지 않아

그쳤다. 흐린 날씨에도 호수 앞에는 벌써 많은 관광객이 모여
경치를 감상하며 사진을 찍고 있었다.

　레이크 루이스Lake Louise를 원주민 인디언들은 "작은 물고
기의 호수"고 불렀다고 하는데 1882년 캐나다 횡단 열차 공
사 당시 측량 기사였던 톰 윌슨Tom Wilson이 이 호수를 처음 발
견하고 "에메랄드 호수"라고 이름 지었다고 한다. 이후 2년 뒤
영국 빅토리아 여왕의 넷째 딸이자 캐나다 총독 존 캠벨John
Campbell의 부인이었던 루이스 캐롤라인 앨버타Louise Caroline

Alberta의 이름을 따서 레이크루이스로 불리게 되었다.

　구름이 끼어 신비스러운 앞쪽 빅토리아산, 눈부시게 맑은 청록색 레이크루이스, 양쪽에 우뚝 솟은 바위 절벽과 침엽수림 등은 캐나다 로키 최고 매력을 발산하고 있었다. 호수에서 카누를 타는 관광객들은 풍경 속에 한 자리를 차지하며 작은 움직임을 주고 있었다.

　눈을 뗄 수 없을 정도로 아름다운 경치에 빠져 있다가 높은 곳에서 호수 전경을 바라보고자 페어뷰 전망대 트레일 Fairview

레이크루이스에서 카누를 타는 관광객들

Lookout Trail 쪽으로 발걸음을 옮겼다.

원래 관광객들이 많이 가는 미러호수, 아그네스 호수와 티 하우스를 거쳐 더 비하이브The Beehive까지의 트레일(편도 5.6km)로 오를 계획이었으나 박승욱 사장이 왼쪽 어깨를 다쳐 수술 후 팔걸이를 하고 있어 이보다 짧은 페어뷰 전망대 트레일(1.2km)로 올라갔다.

산을 조금 오르니 삼거리에 표지판이 보였는데 이곳에서 한 서양인 여성을 만났다. 그녀는 페어뷰 마운틴Fairview Mountain (삼거리에서 4.5km) 방향으로 직진하여 가다가 길을 잘못 들어선 것을 깨닫고 돌아왔다면서 삼거리에서 오른쪽으로 올라가라고 알려주었다. 가파른 길 양쪽에는 쓰러져 썩어가는 나무들과 주위에 이끼가 두텁게 덮여있고 그 위에 작은 나무도 자라고 있어 태고의 원시림에 들어와 있는 듯한 느낌이 들었다.

전망대에 오르니 레이크 루이스와 샤토 레이크 루이스 호텔이 내려다보였다. 울창한 녹색 침엽수림 사이에 자리 잡은 청록색 레이크 루이스는 앞쪽은 옅은 색이고 뒤쪽은 짙은 색으로 색깔이 완연히 구분되어 아주 아름다웠다. 호수 오른쪽 끝에 있는 예쁜 샤토 레이크 루이스 호텔 뒤로는 구름이 잔뜩 끼어 있어 신선들이 사는 세계일 것 같았다.

페어뷰 전망대 앞 레이크루이스와 샤토 레이크루이스 호텔

아래로 내려왔으나 점심시간까지는 여유가 있어 카누 선착장 뒤로 난 오솔길을 따라 걸었다. 한참 가니 돌들이 쌓여 있는 비탈진 너덜 길이 나타나 더 가는 것은 위험하다고 생각되어 그곳 바위에 앉아 안병주 사장이 가져온 따듯한 커피 한잔을 들며 절경 속으로 빠져들어 갔다.

샤토 레이크 루이스 호텔 식당에 앉아 차tea를 들며 아름다운 경치를 감상하기 위해 호텔 안으로 들어가려 하였으나 호수 쪽 출입문이 잠겨있어 건물 뒷문을 통해 들어갔다.

오후 2시 30분에 호텔 1층 페어뷰 바 앤 레스토랑Fairview Bar & Restaurant에 애프터눈 티Afternoon Tea를 예약해 놓았기에 점심은 간단히 들고자 하였다. 그러나 이 최고급 호텔 내에는 간단한 식사나 간식거리를 파는 곳이 없어 제과점에서 크로아상

레이크 루이스 호숫가에서 본 샤토 레이크 루이스 호텔

croissant 빵을 사서 하나씩 들었다.

애프터눈 티 예약 시간보다 40여 분 이른 시간에 식당에 찾아가니 문 앞에서 종업원이 예약을 확인한 후 자리로 안내하였다. 종업원이 이벤트event가 있느냐고 물어 없다고 답하니 레이크 루이스가 보이는 창가 쪽 테이블이 아닌 안쪽 테이블로 데리고 갔다.

나중에 보니 예약 손님이 많으면 약혼식, 결혼기념일, 회갑연 등의 이벤트 모임일 경우 창가 쪽 테이블로 안내하는 것 같았다. 아무래도 이벤트 모임에는 애프터눈 티 이외에 케이크, 샴페인, 고급 요리 등이 따르게 마련이니 식당 측에서는 더 선호하는 고객일 것이란 생각이 들었다.

좌석에 앉아 종업원에게 애프터눈 티를 주문하니 메뉴판을 펼쳐 보이며 세 가지 중에서 어느 홍차를 원하느냐고 물어 왔으나 어느 것을 택해야 할지 몰랐다. 난감해하던 종업원은 잠시 후 한국인 젊은 여성을 데리고 왔다. 그녀는 한국어로 이곳 주방에 근무하는 페이스트리 셰프Pastry Chef 라고 자신을 소개하며 세 가지 홍차의 특성을 설명해 주어 첫 번째 메뉴를 선택하였다.

한국인 여성 셰프는 호주에서 제빵, 디저트 등을 연수하였으며 한국, 일본 등의 호텔 식당을 거쳐 이 호텔까지 오게 되었다

샤토 레이크 루이스 호텔 식당의 애프터눈 티

고 말하였다. 오늘 애프터눈 티 메뉴도 자기가 주관하여 만들었다고 하며 자부심이 대단하였다. 여성 셰프에게 이 호텔 숙박료를 물었더니 평상시 1박에 60만 원에서 80만 원이고 성수기에는 180만 원 수준이라고 하였다.

조금 기다리니 애프터눈 티가 나왔는데 도자기 주전자에 담긴 홍차 외에 3단 금색 철제 프레임 위에 먹기가 아까울 정도로 예쁜 초콜릿, 빵, 샌드위치 등이 접시에 담겨 곁들여 나왔다. 점심을 간단히 먹었기 때문에 호화롭게 차려 내온 음식을 맛있게 들었다.

음식을 든 후 창가 쪽 테
이블을 보니 한 젊은 남성이
무릎을 꿇고 서 있는 여성에
게 반지를 건네며 프러포즈
하는 모습이 눈에 들어왔다.
여성이 반지를 받고 나서 남
성이 일어나 여자를 포옹하
는 멋진 장면을 마주하였다.
세상에서 가장 아름다운 경
치 앞에서 두 연인의 가장
아름다운 모습을 본 행운의
날이었다.

호텔 식당에서 한 남성이 프러포즈하는 장면

최고급 차tea를 마시고 약 36만 원($350.00)을 계산하여 엄청
나게 비싸다고 생각하였으나 일생에 한 번은 마셔볼 만한 가
치가 있었다. 그런데 식당을 나서며 가만히 생각하니 애프터눈
티 계산서에 식대로 약 33만 원($330.90)이 청구되었으므로 팁
tip을 식대의 최저 수준인 15%(5만 원)만 추가하여 계산하여도
38만 원($380.54)을 냈어야 했다. 현금으로 계산하다 보니 팁 수

준을 염두에 두지 못해 식대의 9%(3만 원)만 주어 미안하였다.

샤토 레이크 루이스 호텔을 떠나 밴프 시내로 갔다. 이틀 전 들렀던 식료품 마트(IGA Banff)에서 소고기, 양파, 사과, 라면(김치라면, 이찌방라면), 달걀 등을 사고 인근 약국에 가서 안병주 사장이 수면제를, 박승욱 사장이 입술이 부르터 그 자리에 바르는 약을 구매하였다. 캐나다로 여행을 온 후 강행군을 하여 두 팀원이 고생하는 것 같아 마음이 편치 않았다.

숙소로 돌아와 라면과 김치에 소고기, 양파를 볶아 푸짐한 저녁 식사를 하였다. 저녁을 먹고 얼마 지나지 않아 잠자리에 들었는데 한밤중에 숙소 옆 철길에서 화물차의 기적소리, 레일 위를 달리는 바퀴 소리 등이 들려 잠에서 깨었다. 어릴 적 협궤 증기기관차가 다니던 수여선 여주역 근처에 살아 밤에 기적소리를 많이 들으며 자랐는데 기차 지나가는 소리에 고향 생각이 나서 한참을 뒤척였다.

DAY 7

글레이셔 국립공원,
그리고 마운트 레블스토크 국립공원

캐나다 로키의 국립공원은 밴프, 재스퍼, 쿠트니, 요호, 워터
턴 레이크 등 5곳인데 요호 국립공원 서쪽으로 글레이셔 국립
공원과 마운트 레블스토크 국립공원이 있다.

이 두 국립공원은 로키산맥이 아닌 컬럼비아산맥에 속하는
셀커크산맥Selkirk Mountains에 있으며 캐나다 퍼시픽 철도와 캐
나다 횡단 1번 고속도로가 두 공원을 관통하고 있다.

두 국립공원을 향해 출발하여 캐나다 횡단 고속도로로 진입
하였으나 날씨가 흐려 가끔 비가 내리고 산봉우리 주위에 안개
가 끼어 있으며 계곡에서는 물안개가 피어오르고 있었다.

레이크 루이스, 골든Golden 등을 거쳐 글레이셔 국립공원

안개 낀 설산과 빙하, 그리고 푸른 초목

Glacier National Park의 로저스 패스 디스커버리 센터Rogers Pass Discovery Centre에 도착하였다.

이곳에 오는 동안 도로 양쪽의 구름 속 만년설 산봉우리, 침엽수림에 눈꽃처럼 핀 상고대, 푸른 초목 사이 빙하 등은 별천지로 들어가는 느낌이 들게 했다.

"로저스 패스"는 1881년 캐나다 횡단 철도 공사를 할 때 측량, 토목 기술자인 로저스Albert B. Rogers가 직선거리의 노선을 찾아내어 택한 지점이기에 그의 이름이 붙여졌다고 한다.

이곳은 사방이 만년설 산으로 둘러싸인 해발 1,330m의 고개로 캐나다 횡단 철도와 고속도로가 통과하는 교통의 요지이며 글레이셔 국립공원 등산, 스키 여행의 출발지라고 한다.

로저스 패스 디스커버리 센터 안으로 들어가니 로저스 패스의 모형, 동물들의 박제(쿠거, 산양, 엘크, 올빼미 등)가 눈에 들어왔고 벽난로와 소파 등을 갖춘 휴식 공간도 있었다.

주위에는 간단히 걸을 수 있는 트레일도 있다고 하였으나 최종 목적지 마운트 레블스토크 국립공원Mount Revelstoke National Park을 향해 떠났다.

레블스토크시 방문자센터에서 국립공원 지도를 받고 나서

레블스토크산 정상 가까이에 있는 발삼 호수Balsam Lakes로 차를 몰았다. 구불구불한 산길을 돌아 얼마를 가니 주차 공간이 나타났고 많은 사람이 차에서 나와 경치를 구경하고 있었다.

그러나 산 위쪽으로 올라가는 길에 "도로 폐쇄ROAD CLOSED" 라는 안내판이 놓여 있었다. 안내판을 보자 온몸에 맥이 탁 풀렸다. 오늘 이곳에 온 목적은 발삼 호수에서부터 산 정상 부근까지 펼쳐져 있는 초원에 핀 여러 종류의 야생화들을 보기 위

레블스토크산 전망대에서 본 레블스토크 마을과 컬럼비아강

마운트 레블스토크 국립공원에 핀 야생화
(자료: www.tripadvisor.co.uk, Meadows in the Sky Parkway의 리뷰(187323Tom))

함이었다.

컬럼비아강 변의 아름다운 레블스토크시 경치를 사진에 담고 차를 돌려 내려왔다. 나중에 자료를 찾아보니 야생화들은 주로 7월 말에서 8월 중에 피기 때문에 산 위로 올라갔더라도 야생화는 구경하지 못하고 돌아섰어야 하는 상황이었다.

레블스토크 시내에 있는 철도 박물관Revelstoke Railway Museum 으로 갔다. 박물관 안으로 들어가니 캐나다 횡단 철도 건설 당시의 사진들과 철도 홍보 자료, 열차 시간표, 작업 도구, 여행 가

레블스토크 철도 박물관에 있는 증기기관차와 운전실 내부

방 등이 전시되어 있었다. 증기기관차, 식당 객차를 건물 내에 옮겨 놓고 역 대합실을 재현해 놓은 것이 인상적이었다.

기관차 내부 운전실의 여러 밸브와 계기판을 살펴보고 밖으로 나오니 박물관 뒤쪽 야외에 각종 철도 차량을 전시해 놓은 것이 보였으나 점심을 하러 가기 위해 들리지 않았다.

구글 지도에서 찾아낸 중국 식당 "홍콩 레스토랑Hong Kong

Restaurant"옆 주차장에 차를 대고 식당으로 걸어갔다.

그때 주차장 모서리에 있던 푸드트럭food truck의 주인 여성이 우리 일행을 보자 반가이 인사를 하며 주문받을 자세를 취하였다. 홍콩 레스토랑에 가는 중이라 말하고 미안하다고 하였으나 마음이 편치 않았다.

점심으로 새우볶음밥을 시켜 들었는데 맛있고 양도 넉넉하였다. 식당에서 나와 조금 전 지나왔던 푸드트럭으로 가서 메뉴에 대한 설명을 주인에게 듣고 "치킨 시저 랩Chicken Caesar Wrap"3개를 사서 가져와 저녁으로 들었다.

닭고기, 상추 샐러드, 네모난 빵조각(크루통) 등을 부드러운 밀가루 토르티야(납작 빵)로 싼 음식을 콜라와 함께 먹었는데 맛도 좋고 저녁으로 충분하였다. 푸드트럭 멕시코계 여주인은 고맙다는 인사를 몇 번이나 하며 고개를 숙였다.

일정을 마치고 숙소에 도착할 즈음, 34년 전 미국 위스콘신 대학으로 유학 와 있을 때 겨울방학 기간 중 이 캐나다 횡단 고속도로를 밴쿠버에서 캘거리까지 왕복했던 추억이 떠올랐다.

1991년 1월 초, 전날 밴쿠버 인근에 28cm의 눈이 내려 온천지가 눈으로 덮여 아름다웠다. 캐나다 횡단 고속도로에는 화물차, 버스 등 대형 차량만이 가끔 눈에 띄었는데 그레이하운드 버스를 타고 가며 차창을 통해 캐나다 로키의 설경을 감상

1991년 초 캐나다 횡단 고속도로에 정차한 캘거리행 그레이하운드 버스(위)
그레이하운드 버스에서 내려 로키 설경을 배경으로 선 필자(아래)

하였다. 버스 기사 바로 뒷자리에 앉아 "아! 세상에서 가장 아름다운 경치이다. 이런 놀라운 광경을 전에 본 적이 없다. Ah!, It's the most beautiful scenery in the world. I have never seen like this amazing view"라며 감탄사를 연발하였다.

조금 지나 버스 기사가 고속도로 공간에 차를 세우더니 "아름다운 경치를 감상하기 위해 5분간 정차하겠다.I'll stop 5 minutes to enjoy beautiful scenery"라고 말하였다. 기사에게 감사 인사를 하고 차에서 내려 설경을 감상하며 사진을 찍었던 멋진 추억이었다.

DAY 8

요호 국립공원과
야생 목이버섯 라면

요호 국립공원Yoho National Park의 명소 스파이럴 터널, 타카카우 폭포, 내추럴 브리지, 에메랄드 호수 등을 찾아가는 날로 캐나다 횡단 고속도로로 들어가 서쪽으로 향했다.

앨버타주와 브리티시 컬럼비아주의 경계를 이루는 높은 고개를 넘어갔다. 이 고개는 높이가 1,627m로 키킹 호스 고개Kicking Horse Pass라고 부르는데 개척 시대에 탐험가들의 짐을 싣고 고개를 넘던 말들이 높은 경사에 힘들어서 뒷발질 치던 모습을 보고 그런 이름을 지었다고 한다.

이 고개를 넘으면서 요호 국립공원이 시작되는데 고개를 넘어 조금 가니 고속도로변에 있는 스파이럴 터널Spiral Tunnels 전

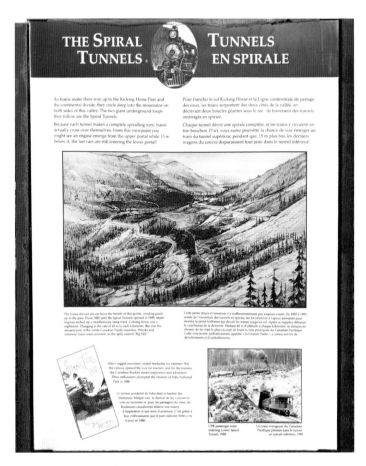

스파이럴 터널 안내판(오른쪽 아래 사진: 터널로 들어가고 나오는 열차 모습)

망대가 나타났다.

캐나다 대륙횡단 열차 공사를 할 당시 기차가 급경사 구간인 키킹 호스 고개를 안전하게 넘어갈 수 있도록 고안된 8자형 철로가 지나가는 터널로 산속을 돌아나가는 방식의 새로운 철로를 놓았다고 한다.

가끔 100량이 넘는 화물차가 이 터널을 지나갈 때면 터널에서 나오는 기관차 앞쪽 부분과 터널로 들어가고 있는 화물차 뒤쪽 부분을 동시에 볼 수 있다고 한다.

앞쪽 산을 바라보며 간신히 터널 입구를 찾았으나 긴 화물차가 언제 올지 모르고 마냥 기다릴 수 없어 사진만 몇 장 찍고 아래로 내려갔다.

고속도로에서 가장 가까운 오른쪽 출구로 나가 타카카우 폭포로 향하였다. 폭포로 올라가는 좁은 길가 주차 공간에 차가 여러 대가 있어 우리도 차를 대고 내렸다. 안내판에 요호강과 키킹 호스강이 합류하는 지점이라고 쓰여있는데 조금 걸어 내려가 보니 두 급류가 합쳐지며 바위들 사이로 하얀 물보라를 일으키고 있었다.

타카카우 폭포가 오른쪽으로 보이는 길가 왼쪽 넓은 주차장으로 들어갔다. 차에서 내려 가까이 있는 표지판에 다가가 보니 히든 레이크Hidden Lakes 트레일 입구로 왕복 1.6km 정도로 다녀올 만하여 등산 채비를 하였다. 처음에는 완만하였으나 한참 올라가니 길이 지그재그이며 경사가 급해 힘들었다. 경사가 완만해질 때쯤 나온 갈림길에서 왼쪽으로 더 가니 숨어 있던 호수가 모습을 드러냈다.

요호 국립공원의 히든 레이크

히든 레이크는 인간의 손길이 닿지 않은 태곳적 신비를 간직한 비경이었다. 에메랄드빛 호수 물가에는 쓰러져 오래된 나무들이 즐비하였고 호수 안쪽도 맑고 투명하여 바닥에 가라앉은 나무토막들이 하나하나 뚜렷이 보였다. 호수 주위에 응달진 곳에는 아직도 눈이 쌓여 있고 울창한 침엽수림 너머로 흰 눈이 덮인 설산이 자리하여 호젓함과 신비로움을 더해 주었다.

호숫가를 걸어 안쪽으로 조금 들어가니 위로 곧게 솟은 침엽수들이 잔잔한 수면에 데칼코마니decalcomanie 기법으로 같은 모양의 침엽수들을 그려놓고 있었다. 한동안 아름답고 고요한 경치 속에 빠져 있다가 발길을 돌렸다.

산길을 내려올 때는 올라갈 때 지나쳤던 주변 경치가 눈에 들어왔다. 6월 중순이라 우리나라는 초여름인데 이곳은 위도와 해발 고도가 높아 이제야 새싹들이 땅속에서 솟아오르며 기지개를 켜고 있었다.

맨 앞에 가던 박승욱 사장이 숲속 고목 여기저기에 붙어 있는 버섯들을 발견하였다. 다가가서 살펴보더니 먹을 수 있는 목이버섯이라고 하여 함께 따서 가져왔다.

히든 레이크에서 내려와 가까이에 있는 타카카우 폭포Takakkaw Falls로 향하였다. 타카카우 폭포는 높이가 384m로 캐

나다에서 제일 높은 빙하수 폭포라고 한다.

요호강을 따라서 조금 걸어 내려가니 폭포 쪽으로 건너가는 다리 직전에 캐나다 국립공원 내 전망이 좋은 곳에만 놓여 있다는 빨간 의자 2개가 보였다. 박승욱 사장과 안병주 사장이 함께 빨간 의자에 앉고 필자는 그 뒤에 서서 앞쪽에 펼쳐진 멋진 경치를 감상하였다.

빨간 의자 앞에는 이보다 앞서 설치해 놓은 긴 목제 의자가 있었고 에메랄드빛 요호강, 강 위 다리와 주변 침엽수림, 바위 절벽으로 힘차게 떨어지는 폭포수 등이 어우러져 아름다웠다.

타카카와 폭포 앞 빨간 의자에 앉아있는 박승욱 사장과 안병주 사장

초여름이라 빙하 녹은 물이 불어나 커진 폭포수 물줄기가 폭
포 위쪽에서 내려오다가 중간에 있는 웅덩이로 떨어져 위쪽으
로 솟구쳐 오르는 모습은 장관이었다.

점심을 먹기 위해 요호 국립공원 내에 있는 마을 필드Field로 갔다.

마을에 있는 유일한 식당인 "트러플 피그스 베스트로Truffle Pigs Bistro"를 찾아갔는데 밖에서 기다리고 있는 손님이 많았다.

30여 분을 대기하다가 식당에 들어가 메뉴판을 보니 "Galbi, Korean Ribs(갈비, 한국식 갈비)"가 눈에 띄었다. 캐나다 국립공원 안에 있는 작은 마을 식당에서 한국 음식 이름을 보니 반가워서 주문하였다. 쌀밥 위에 김치, 구운 L.A.갈비, 아스파라거스와 상추 등이 얹혀 나왔는데 맛있었다.

식사 후 에메랄드 호수 가는 길옆에 있는 내추럴 브리지 Natural Bridge에 들렀다. 키킹 호스강 급류가 오랜 세월 석회암 바위를 침식시켜 뚫으면서 만들어진 다리이다. 세찬 물살이 바위 바닥에서부터 구멍을 뚫어 아치형의 큰 물길을 낸 자연의 위대한 힘에 놀라움을 금치 못하였다.

이 내추럴 브리지 아래에는 수량이 많고 급류인 강물이 흐르기에 위험해 출입이 금지되어 있었으나 다리 위를 건너 반대편으로 가 있는 사람들도 있었다.

주변 경치가 아름다워 내추럴 브리지 하류로도 내려가서 구경하고 사진을 찍었다.

요호 국립공원의 내추럴 브리지

오늘의 마지막 방문지 에메랄드 호수Emerald Lake로 차를 몰았다. 이 호수는 그 이름과 같이 에메랄드빛 호수와 주위 산이 한 폭의 그림과 같은 요호 국립공원의 대표적인 관광명소이다.

호수 입구에 놓인 나무다리를 건너 오른쪽으로 난 트레일을 따라 걸어 들어갔다. 호젓한 산길을 한참 걸으니 에메랄드 호수 오두막Emerald Lake Lodge이 보였다. 이 오두막은 호수 입구 다리에서부터 길 양옆으로 2층의 통나무집이 30여 채 이어져 있는 호텔로 1층 야외에서는 결혼식 피로연, 노부부와 손자녀가 참석한 가족 파티 등이 열리고 있었다.

다리를 건너 호수 입구로 나와 바라본 잔잔한 에메랄드 호수는 날씨가 흐려서인지 가까이는 에메랄드빛이고 멀리는 회색빛이었으며 호수 위에는 카누를 타고 있는 2명이 보였다. 그들이 구름 낀 산 아래 넓은 호수 한가운데서 오랜만에 만나 대화를 나누고 있는 신선들과 같다는 생각이 들었다.

에메랄드 호수 관광을 마치고 주차장으로 갈 때부터 비가 내렸는데 숙소에 도착할 때쯤에는 진눈깨비로 바뀌어 호스텔 주위 잔디와 민들레꽃 위에 떨어지고 있었다.

오늘 돌아오는 길에 방문하지는 못하였으나 키킹 호스 고개 근처 남쪽에 원시적 매력을 지닌 오하라 호수Lake O'Hara가 있

요호 국립공원의 에메랄드 호수

다. 이 호수는 자연과 야생동물들을 보호하기 위해 출입을 제한하고 있어 주차장에서 왕복 22km를 걷거나 공원에서 운행하는 셔틀버스를 이용하여야 접근할 수 있다고 한다. 셔틀버스는 매년 3월 말까지 신청하여 추첨에 당첨되어야 하는데 벌써 3개월여가 지나갔다.

히든 레이크 하산길에서 따온 목이버섯을 넣고 끓인 라면을

야생 목이버섯 라면(왼쪽)과 양파 목이버섯 볶음을 올린 아침 식탁

저녁으로 먹었다. 높은 산 야생 버섯이라 상큼한 향과 아삭아삭 씹히는 맛이 좋았다. 다음 날 아침 남은 목이버섯에 양파를 넣어 "목이버섯 볶음"을 만들어 식탁에 올렸다.

DAY 9

밴프 존스턴 캐니언과 쿠트니 국립공원

오전에 밴프 국립공원의 존스턴 캐니언을 가고 오후엔 쿠트니 국립공원 가는 날이었다. 처음 계획에는 존스턴 캐니언을 6월 13일 밴프 관광 시 오후에 가기로 하였었다. 그러나 밴프 곤돌라, 미네완카 호수 크루즈, 아이스필드 파크웨이 설상차 탑승 등의 패키지 상품을 일괄 예약하며 당일 오후에 미네완카 호수를 갔었기에 들리지 못하였었다.

밴프에서 북서쪽으로 17km 지점에 있는 존스턴 캐니언 Johnston Canyon은 밴프 국립공원에서 가장 유명한 하이킹 코스로 밴프에 오는 관광객들은 대부분 들리는 곳이다.

보 밸리 파크웨이 Bow Valley Parkway 옆에 있는 로지 lodge에서 트레일이 시작되는데 왕복 2.2km(로어 폭포), 4.8km(어퍼 폭포),

뱀프 국립공원 존스턴 캐니언의 로어 폭포

10.8km(잉크 포츠) 등의 코스가 있다. 오전 중 이곳 방문 외에도 뱀프에 가서 렌터카 주유, 식료품 구매 등의 일정이 있어 제일 가까운 로어 폭포Lower Falls까지만 다녀오기로 했다.

협곡 한쪽으로 난 좁고 완만한 길을 따라 30여 분을 가니 커다란 물기둥이 큰 소리를 내며 에메랄드빛 물웅덩이로 쏟아져 내리는 로어 폭포가 나타났다.

오른쪽으로 난 작은 동굴을 따라 들어가니 폭포수가 코앞에서 쏟아지며 물방울이 튀어 얼굴과 옷을 적셨는데 뒤에 줄을 서서 대기하고 있는 관광객이 많아 바로 돌아서 나와야 했다.

존스턴 캐니언에서 내려와 뱀프로 가는 도중에 고속도로 오른쪽으로 버밀리온 호수가 보였다.

3개의 호수로 이루어진 버밀리온 호수Vermilion Lakes는 뱀프 시내에서 쉽게 걸어갈 수 있는 곳으로 산책하거나 자전거를 타는 사람들이 많이 찾는다고 한다.

먼동이 트는 하늘이 호수에 비추며 수면이 주홍색(버밀리온)으로 물들어 이름이 그리 붙여졌는데 저녁에도 노을에 붉게 물든 런들산Mt. Rundle이 호수에 비쳐 아름답다고 한다.

고속도로에서 밴프 시내로 들어가기 전 남쪽으로 조금 내려가서 호수주차장에 도착하였다. 차에서 내려 호숫가 길을 걷는데 처음에는 습지로 수생식물과 꽃, 마른 갈대, 작은 나무 등으

버밀리온 호수와 런들산(왼쪽 구름 덮인 산)

로 덮여있어 호수 같지 않았다.

안으로 더 들어가니 넓은 호수 위로 솟아있는 마른 수초, 호숫가 언덕에 힘차게 서 있는 침엽수, 구름 낀 런들산 등이 멋진 그림을 그려놓고 있었다. 구름이 걷히든가 저녁노을이 호수에 비치면 정말 절경일 것이란 생각을 하며 발길을 돌렸다.

밴프 시내에서 차에 기름을 넣고 소고기, 사과, 달걀, 우유, 라면, 식빵 등을 산 후 쿠트니 국립공원Kootenay National Park으로 가기 위해 다시 서쪽으로 향하였다.

쿠트니 국립공원의 대륙분수령 표지판

쿠트니 국립공원 대륙분수령 주차장 앞 풍경(설산과 민들레꽃)

쿠트니 국립공원은 우리들의 숙소인 캐슬 마운틴 호스텔로
가는 캐슬 정션 Castle Junction 나들목으로 나가서 남쪽 93번 도
로를 따라 형성되어 있고 브리티시 컬럼비아주에 속해 있다.
캐슬 정션에서 93번 도로로 진입하여 10여 분쯤 가니 대륙 분
수령 Continental Divide이란 표지판이 설치되어 있는 넓은 주차장
이 나타났다.

분수령이란 물이 서로 다른 방향으로 흘러가는 경계 지점을

말하는데, 바로 이곳을 중심으로 동쪽으로 가는 물은 대서양으로, 서쪽으로 가는 물은 태평양으로 흘러간다고 한다. 또한 이곳은 브리티시컬럼비아주와 앨버타주의 경계이자 밴프 국립공원과 쿠트니 국립공원을 나누는 경계이기도 하다.

대륙분수령 표지판 아래 판석에 앉아 점심을 간단히 들었다.

이곳에 오기 전 밴프에서 산 식빵, 우유, 사과 등을 먹어 좀 부실하였으나 저녁을 숙소에 가서 A 플러스 트리플 등심 소고기를 구워 푸짐하게 들 기약을 하며 자리에서 일어났다.

93번 도로를 따라 조금 내려가니 마블 캐니언Marble Canyon 입구가 나타났다.

마블 캐니언의 완만한 트레일을 따라 한참을 걸었는데 30m 이상 깊이의 좁은 협곡 아래 석회암 바위들 사이로 파란 빙하수가 세차게 흘러가고 있었다. 기나긴 세월 빙하수의 침식작용으로 형성된 물길을 내려다보며 어제 요호 국립공원의 내추럴 브리지Natural Bridge에서 느낀 자연의 위대한 힘을 한 번 더 실감할 수 있었다.

마블 캐니언 주변은 20여 년 전 대화재로 불타서 큰 나무들의 가지와 기둥은 앙상한 모습으로 서 있고 그 사이사이에 작은 나무들이 어른 키만큼 빼꼭하게 자라고 있었다. 산불로 산 전체의 나무들을 태우는 데는 수십 일이면 충분하지만 이를 원

쿠트니 국립공원의 마블 캐니언

상 복구하는 데는 수십 년에서 수백 년이 걸린다는 교훈을 눈 앞에서 확인할 수 있었다.

마블 캐니언을 떠나 남쪽으로 3km쯤 가니 페인트 포츠Paint Pots 입구가 나타났다. 페인트 포츠는 미네랄(광물질) 샘물이 솟 아오르는 물웅덩이로 이 지역의 샘물들은 철 성분이 많아 주변 의 흙을 붉게 물들이고 있다고 한다.

쿠트니 국립공원의 페인트 포츠(왼쪽)와 페인트 포츠로 가는 오솔길

페인트 포츠 가는 도중 다리에서 본 쿠트니강 풍경

주차장에서 약 1km를 걸어가야 하는데 먼저 쿠트니강 다리를 건넜다. 대륙분수령 근처에서 발원한 쿠트니강이 수량이 많고 빠르게 흘러가고 있었는데 하류 쪽 강변과 눈 쌓인 산봉우리의 경치가 어우러져 아름다웠다.

다리를 건너 큰 침엽수가 양쪽에 늘어선 고즈넉한 오솔길과 풀이 무성한 습지 위 데크 길을 지나니 물웅덩이들이 보였다. 웅덩이에서 나온 샘물이 주위를 붉은색으로 물들이고 있었는데 이 붉게 물든 흙은 원주민들이 그림을 그리고 염색하는 재료로 사용하였으며 신성시하여 몸에 바르기도 하였다고 한다.

페인트 포츠 주위를 둘러보고 돌아 나와 80여 km 남쪽에 있는 오늘의 마지막 방문지 라듐 온천Radium Hot Springs를 향해 차를 몰았다.

그러나 조금 가니 길가에 누마 폭포Numa Falls를 알리는 안내판이 있고 도로에서 가까이 있기에 방문계획에는 없었으나 잠시 들렸다.

연옥색의 계곡물이 바위에 부딪혀 흰 물방울을 일으키며 힘차게 떨어지고 있었는데 낙차가 낮아 폭포인지 급경사인지 구

쿠트니 국립공원의 누마 폭포

분이 되지 않았다. 폭포수가 떨어져 침엽수가 늘어선 양쪽 바위 사이로 시원스럽게 흘러가는 모습이 멋있었다.

폭포를 구경한 후 한 시간여를 달려 도로 바로 우측에 있는 라듐 온천에 도착하였다. 1841년 발견된 이 온천은 캐나다에서 가장 큰 야외 온천으로 온천수에 들어 있는 라듐이 신경통, 만성 위염, 고

쿠트니 국립공원의 라듐 온천

혈압 등에 효험이 있어 치료하려는 사람들이 많이 찾는다고 한다.

수영복으로 갈아입고 온천에 들어가니 피곤이 좀 풀리는 것 같고 기분이 상쾌해졌다. 옆에 있는 부부와 딸이 한국어로 말하는 것을 보고 다가가 잠시 대화를 나누었다. 이 온천 근처 도시에 살고 있는데 물이 좋아 자주 온다고 하며 캐나다의 기후, 환경 우선 정책 등에 대하여 설명해 주었다.

누마 폭포의 아래쪽 풍경

조금 지나니 비가 내려 풀장 밖으로 나와 샤워 후 오늘 일정을 마무리했다. 숙소로 돌아와 오전에 쇼핑한 A 플러스 트리플 등심을 프라이팬으로 구워 세 번째 소고기 저녁 식사를 맛있게 하였다.

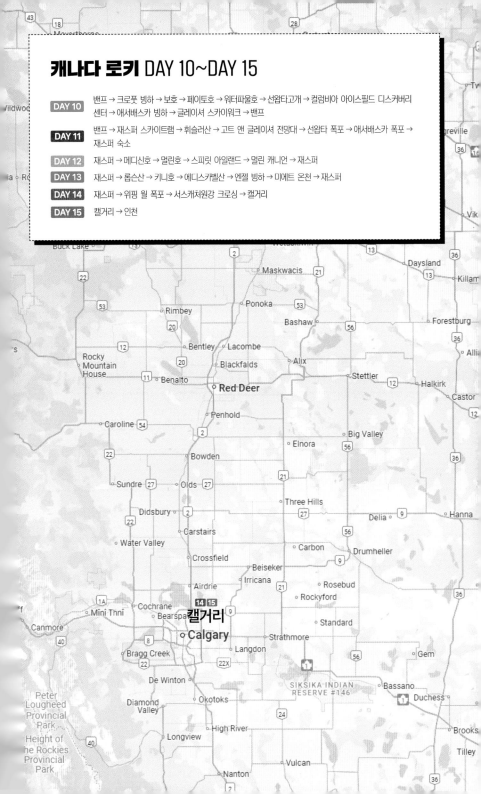

캐나다 로키 DAY 10~DAY 15

DAY 10 밴프 → 크로풋 빙하 → 보호 → 페이토호 → 워터파울호 → 선왑타고개 → 컬럼비아 아이스필드 디스커버리 센터 → 애서배스카 빙하 → 글레이셔 스카이워크 → 밴프

DAY 11 밴프 → 재스퍼 스카이트램 → 휘슬러산 → 고트 앤 글레이셔 전망대 → 선왑타 폭포 → 애서배스카 폭포 → 재스퍼 숙소

DAY 12 재스퍼 → 메디신호 → 멀린호 → 스피릿 아일랜드 → 멀린 캐니언 → 재스퍼

DAY 13 재스퍼 → 롭슨산 → 키니호 → 에디스카벨산 → 엔젤 빙하 → 미에트 온천 → 재스퍼

DAY 14 재스퍼 → 위핑 월 폭포 → 서스캐처원강 크로싱 → 캘거리

DAY 15 캘거리 → 인천

DAY 10

아이스필드 파크웨이와
설상차 빙하 투어

　아이스필드 파크웨이 Icefield Parkway 는 93번 도로 중 레이크 루이스에서 재스퍼까지 이어지는 약 230km를 말한다. 내셔널 지오그래픽 National Geographic 잡지 선정 "세계 10대 드라이브 코스"인 이 도로는 밴프 국립공원과 재스퍼 국립공원에 걸쳐 있다. 바로 가면 3~4시간 만에 도착할 수 있는 거리이지만 이 도로 주변에 빙하가 있는 3,000m 이상의 산봉우리, 에메랄드 빛 호수, 세차게 흘러내리는 빙하 폭포수 등의 명소가 많다.

　이 명소들을 하루에 다 들릴 수 없기에 오늘은 아이스필드 파크웨이의 출발 지점인 레이크 루이스에서부터 중간 지점에 있는 컬럼비아 대빙원의 설상차 빙하 투어와 글레이셔 스카이 워크 Glacier Skywalk 투어까지만 하고 돌아오기로 하였다.

밴프 국립공원의 크로풋 빙하

숙소를 출발하여 레이크 루이스 나들목을 조금 지나니 밴쿠
버로 가는 캐나다 횡단 고속도로와 93번 도로의 아이스필드
파크웨이 분기점이 보여 오른편으로 나가 북쪽으로 올라갔다.

아이스필드 파크웨이의 첫 명소인 크로풋 빙하 Crowfoot
Glacier가 왼편에 보여 잠시 정차하여 경치를 감상하였다.

이 빙하는 와푸틱 산봉우리 Waputik Peak (2,755m) 아래 남쪽 끝
에 있는데 빙하의 모양이 까마귀발 crowfoot 처럼 세 갈래로 갈라
져 있어 그런 이름이 붙여졌다고 한다. 그러나 이름과 달리 지

금은 세 갈래 중 왼쪽 빙하가 잘려 나가고 두 개만 남아 있어 아쉬웠는데 지구 온난화로 인한 해빙 때문이란 생각이 들었다.

크로풋 빙하를 보고 나서 조금 가니 도로 바로 옆에 크로풋 빙하가 녹은 물이 흘러 들어가서 만들어졌고 밴프 시내를 관통하는 보강의 발원지인 보호수Bow Lake가 자리하고 있었다. 차에서 내려 호수 쪽으로 걸어가 좌우로 탁 트인 넓은 에메랄드빛 호수와 그 뒤로 중간중간 눈 쌓인 거대한 바위산의 아름답고 장엄한 경치를 마주하였다.

먼저 와 있던 관광객 중에 멋있게 옷을 차려입은 한국 중년 여성 6명이 있었다. 미국 뉴욕에 살고 있다고 하는데 모처럼 틀에 갇히고 무미건조한 대도시 생활에서 벗어나서인지 대화와 웃음소리가 끊이질 않았다. 우리가 한국에서 왔다고 하니 반가워하며 서로 사진을 찍어주고 이야기를 나누었다.

사진을 찍은 후 산악인이며 가이드였던 지미 심슨Jimmy Simpson이 1923년에 지었다고 하는 호숫가 북쪽 빨간 지붕의 심슨 넘티자 로지Simpson's Num-Ti-Jah Lodge로 갔다.

지금은 숙소로 운용되며 카페, 레스토랑, 기념품점 등도 있다고 하는데 들리지는 않고 건물 앞쪽에 있는 호숫가 길을 걷고 나서 벤치에 앉아 잠시 쉬었다.

밴프 국립공원의 보호수 남쪽

다음 날 아침 재스퍼 국립공원으로 가며 보호수에 한 번 더 들렸는데 잔잔한 수면에 비친 주변 산봉우리가 정말 예술적이고 감동적이었다.

보호수에서 나와 북쪽 길로 올라가서 아이스필드 파크웨이에서 가장 높은 해발 2,060m의 보 고개 Bow Pass에 있는 주차장

보호수에 비친 바위산 전경

밴프 국립공원의 보호수 북쪽

에 차를 세웠다. 이곳에서 15분쯤 나무가 우거진 좁은 길을 걸어가 보 서미트Bow Summit 전망대에 오르니 탁 트인 앞쪽에 오리발 모양의 페이토호수Peyto Lake가 내려다보였다.

페이토호수는 캐나다 로키에서 가장 높은 해발 1,860m에 있는 호수로 그 이름은 이 지역의 사냥꾼이자 가이드였던 빌 페이토Bill Peyto의 이름을 따서 지어졌다고 한다. 페이토호수가 유명해진 것은 짙은 에메랄드색의 호수 색깔이 캐나다의 다른 호수들에 비하여 월등히 아름답기 때문이다. 호수로 흘러 들어

오는 빙하수에 포함된 미세한 암석 입자가 반사되며 보여주는 호수의 에메랄드색은 겨울에는 파란색으로 변하여 또 다른 아름다움을 연출한다고 한다.

　캐나다 여행을 오기 전 한 여행잡지에서 페이토호수의 사진을 보고 "호수의 색깔이 어찌 이렇게 곱고 예쁜가?" 하며 감탄했었는데 막상 그 호수를 바라보고 있자니 비현실적인 환상의 세계에 들어와 있는 것 같았다. 에메랄드빛 호수, 그 주위를 두른 침엽수림, 뒤쪽에 병풍처럼 펼쳐져 있는 바위산 연봉 등이 어우러진 절경을 사진 한 장에 다 담을 수 없어 여러 번 카메라

밴프 국립공원의 페이토호수 앞에선 박승욱 사장, 필자, 안병주 사장(왼쪽부터)

밴프 국립공원의 페이토호수

셔터를 눌렀다.

　페이토호수를 떠나 북쪽으로 내려가다 보니 워터파울 호수 Waterfowl Lake란 안내판과 그 뒤쪽에 피라미드를 닮은 높은 산이 있어 경치를 잠시 보고자 차를 세웠다.

　호숫가로 가서 경치를 감상하는데 왼편에 중, 고교 학생으로 보이는 소녀들 5명이 수영복 차림으로 물가에 서 있었다.

　초여름으로 이곳 온도가 10~15도이고 빙하수가 만든 호수라서 물이 찰 텐데 수영하려는 모습에서 젊음의 패기와 열정을 느낄 수 있었다. 소녀들이 수영하는 장면을 보고 싶었으나 일

밴프 국립공원 워터파울 호수에서 수영하는 소녀들

밴프 국립공원 선왑타 고개 전망대에서 내려다본 풍경

정상 발길을 돌려야 되어 아쉬웠다.

아이스필드 파크웨이와 데이비드 톰슨 고속도로 David Thompson Highway가 교차하는 삼거리인 크로싱 Crossing을 지나 선왑타 고개 Sunwapta Pass로 계속 직진하였다.

크로싱에는 주유소, 모텔, 레스토랑 등이 영업하는 휴게소가 있었으나 커피나 점심은 설상차가 출발하는 컬럼비아 아이스필드 디스커버리 센터Columbia Icefield Discovery Centre에 도착한 후 들기로 하고 그냥 지나쳤다.

선왑타 고개는 아이스필드 파크웨이에서 두 번째로 높은 고개(2,035m)로 고개를 오르다가 중간에 있는 전망대에서 지나왔던 길을 내려다보니 계곡의 풍경이 아주 멋졌다. 이 고개 정상에서 13km 더 가면 컬럼비아 대빙원Columbia Icefield이 나오며 재스퍼 국립공원이 시작된다고 한다.

12시 조금 지나서 컬럼비아 아이스필드 디스커버리 센터에 도착한 후 빙하 투어 매표소로 가서 설상차 탑승과 글레이셔 스카이워크Glacier Skywalk 표를 받았다.

예약은 오후 2시 30분에 출발하는 투어로 하였으나 오후 1시에 출발하는 투어의 잔여석이 있다고 하여 1시간 30분을 앞당기기로 하고 서둘러 2층에 있는 레스토랑으로 갔다. 피자와 콜라로 간단히 점심을 들고 1시에 출발하는 셔틀버스에 10분 전에 탑승하였다.

셔틀버스를 타고 15분 정도 빙하 근처까지 가서 어른 키만큼 큰 바퀴가 달린 설상차로 갈아타고 천천히 빙하 쪽 위로 올라갔다.

재스퍼 국립공원 애서배스카 빙하에 올라간 설상차들

설상차에서 내려 발을 디딘 빙하는 애서배스카 빙하Athabasca Glacier로 컬럼비아 대빙원Columbia Icefield에 있는 6개의 빙하 중 하나이다.

빙원은 수백만 년 전부터 내린 눈이 녹지 않고 계속 쌓여 형성된 거대한 얼음덩어리로 이 빙원의 끝부분이 흘러나온 것들을 빙하라고 한다.

컬럼비아 대빙원은 캐나다 로키산맥에서 가장 큰 빙원(면적

재스퍼 국립공원 애서배스카 빙하에 올라간 관광객들

215km²)으로 두께가 100~365m에 달하며 최근 125년 동안 전체 부피의 절반 이상이 해빙되어 대서양, 태평양, 북극해 등으로 흘러갔다고 한다.

여행을 많이 다녔으나 빙하 체험은 오늘이 처음이었다. 빙하 위를 걷고 앞 좌우에 있는 산 능선 사이에 높이 펼쳐져 있는 애서배스카 빙하 언덕을 잠시 멍하니 바라보며 대자연의 위대함에 빠져 들어가 있었다.

이 빙하는 120여 년 전까지만 해도 아이스필드 파크웨이까지 덮고 있었다는데 지구 온난화의 영향으로 빠르게 줄어들어 현재 위치까지 해빙되었다고 한다. 관광객들에게 주어진 30분 동안 경치를 감상하며 사진을 찍고 빙하 가운데 파여진 고랑으로 흘러가고 있는 빙하수의 얼음 한 조각을 입에 넣어 지난 세월의 맛을 보기도 하였다.

설상차에 올라 주차장으로 내려가니 글레이셔 스카이워크 Glacier Skywalk로 가는 셔틀버스가 대기하고 있었다.

컬럼비아 아이스필드 디스커버리 센터에서 약 6km 북쪽에

애서배스카 빙하(원경)와 셔틀버스(사진 왼쪽 중간 도로가 이 버스가 빙하로 올라가는 길임)

있는 글레이셔 스카이워크는 2014년에 완공한 유리 전망대이
다. 셔틀버스에서 내려 조금 걸어가니 선왑타 계곡 280m 상공
절벽 앞에 반원형 모양으로 유리 다리가 튀어나와 있는 전망대
가 보였다. 바닥이 유리로 된 스카이워크를 걸으며 아래를 내
려다보니 아찔했다.

앞쪽으로 이어서 달리고 있는 눈 덮인 산봉우리들, 주변의 검
푸른 침엽수림, 계곡을 흐르는 빙하수와 폭포 등이 만든 아름
다운 경치를 배경으로 사진을 찍고 셔틀버스로 돌아왔다.

그러나 설상차를 타고 가서 빙하 위를 걷고 눈앞에서 빙하

벽을 보고 난 이후라서인지 스카이워크를 걸으며 멀리서 빙하를 바라보는 경치에 큰 감흥을 느끼지는 못하였다. 컬럼비아 아이스필드 디스커버리 센터에 도착하여 빙하 투어를 마쳤는데 오후 1시에 시작하여 3시간이 걸렸다.

재스퍼 국립공원의 글레이셔 스카이워크

DAY 11

재스퍼 국립공원의
휘슬러산 등산

오전에 어제 다녀왔던 아이스필드 파크웨이를 따라 재스퍼Jasper로 이동하여 스카이트램SkyTram을 타고 휘슬러산Mt. Whistler에 올라 등산하는 날이었다. 점심 후에는 아이스필드 파크웨이 근처에 있는데 어제 가지 못했던 선왑타 폭포, 애서배스카 폭포를 구경하고 숙소인 멀린 캐니언 호스텔Maligne Canyon Hostel로 가는 일정이었다.

10시 30분에 출발하는 재스퍼 스카이트램을 예약해 놓았기에 10일간 숙박하였던 캐슬 마운틴 호스텔에서 짐을 챙겨 차에 싣고 6시 20분경 재스퍼로 출발했다.

재스퍼로 가는 아이스필드 파크웨이 중간중간 아침 햇빛 비치는 아름다운 경치에 차를 세우거나 차 전면 유리에 핸드폰을

아이스필드 파크웨이와 아침 햇빛 비치는 설산(페이토호수와 크로싱 사이)

대고 사진을 찍었다. 주위 경치가 모두 빼어나서 전면이나 좌우 어디를 찍더라도 작품이 될 수 있을 정도이었다.

　재스퍼 시내에 9시 30분경 도착하여 재스퍼 방문자센터 인근의 호스텔에서 재스퍼 국립공원 지도를 받은 후 스카이트램을 타러 갔다. 재스퍼 스카이트램은 휘슬러산 2,263m까지 올라가는 케이블카로 재스퍼 최고의 전망대이다. 출발 30분 전 트램 탑승장에 도착하였는데 벌써 여러 관광객이 먼저 와서 대기하고 있었다.

　스카이트램을 타고 올라가 정상에서 내리니 재스퍼 시내와 주변의 도로, 호수, 애서배스카강, 아침에 왔던 아이스필드 파크웨이, 눈 쌓인 산봉우리들 등이 파노라마처럼 펼쳐져 있었다. 잠시 그림같이 아름다운 경치를 구경하고 휘슬러산 등산에 나섰다.

등산이라고 하였으나 트램 전망대에서 휘슬러산 정상 Whistler's Peak(2,463m)까지는 200m 높이를 올라가는 거리이었다. 그래도 눈이 약간 녹아 길이 미끄럽고 돌들이 많아 조심스럽게 발걸음을 옮겨갔다. 처음에는 눈이 여기저기에 조금씩 쌓여 있었으나 정상에 가까워지니 주위가 대부분 눈으로 덮여있어 다른 세상에 온 것같이 멋진 설경이 나타났다.

재스퍼 국립공원의 휘슬러산 등산

휘슬러산에서 재스퍼 시내(오른쪽 중간)를 배경으로 선 필자와 안병주 사장

　오랜만에 눈 쌓인 높은 산을 걸어 올라가며 20여 년 전 직장 산악회에서 연초 태백산에 오른 추억이 떠올랐다. 당시 무릎까지 빠지는 길을 힘들게 올라갔었는데 천제단에서 시산제를 지낼 때 찬 바람이 세게 불어 눈을 제대로 뜰 수 없었고 회원 중 한 명은 왼쪽 턱이 동상에 걸리기도 하였었다. 그러나 오늘은 크게 춥지도 않고 바람도 없는 사방이 탁 트인 2,400m 높이의 눈 쌓인 길을 걸어가니 기분이 매우 상쾌하였다.

　산 위에 오르니 넓은 평지 가운데 작은 돌들이 들어있는 철사 통에 표지판이 꽂혀 있었다. 자연보호를 위해 표지판을 시

멘트, 철 구조물을 쓰지 않고 나무, 철망 등으로 만든 것 같았다.

캐나다 로키의 북쪽 경치를 감상하며 산에서 내려와 재스퍼 시내로 점심을 먹으러 갔다. 미리 검색하여 찾아낸 한식당 "김치 하우스Kimchi House"에서 오징어볶음, 빈대떡 등으로 식사하였는데 일주일 만에 한국 음식을 드니 밥맛이 두 배로 좋았다.

점심을 든 후 선왑타 폭포Sunwapta Falls를 보러 가기 위해 아이스필드 파크웨이를 따라 남쪽으로 내려갔는데 도로 오른편에 북쪽 재스퍼 방향으로 흘러 내려가는 애서배스카강의 아름다운 경치가 차를 멈추게 하였다.

후에 자료를 찾아보니 고트 앤 글레이셔 전망대Goats and Glacier Viewpoint이었다. 에메랄드빛 애서배스카강물이 침엽수림 사이로 S자 형태로 꺾여 급하게 흐르고 뒤쪽으로는 눈 덮인 로키의 높은 산봉우리들이 이어져 달리고 있었다. 강 오른쪽 모래톱에는 풀밭이 생기고 주변의 울창한 침엽수들의 대를 이을 작은 침엽수들이 자라고 있었는데 자연의 순환 과정을 보여주고 있었다.

경치를 감상한 후 다시 도로에 올라 달리다 선왑타 폭포 표지판을 보고 주차장으로 들어갔다. 다리 위에서 폭포를 내려다보니 컬럼비아 대빙원에서 녹아 흘러내린 두 줄기의 빙하수가

재스퍼 국립공원의 고트 앤 글레이셔 전망대 앞 애서배스카강 풍경

합쳐지자마자 힘차게 아래로 떨어지고 있었다. 폭포수가 떨어지는 바로 아래 펭귄 모양의 기다란 바위가 버티고 서 있었는데 협곡의 급류에 의해 몇십 년 내에 침식되어 쓰러질 것이란 생각이 들었다.

선왑타 폭포를 보고 나서 재스퍼로 돌아가는 도로를 20여 분 달리니 애서배스카 폭포Athabasca Falls 입구가 나왔다.

재스퍼 국립공원의 선왑타 폭포

선왑타 폭포에서 계속 이어지는 애서배스카강이 많은 물줄기와 합쳐져 넓게 흘러오다가 좁아진 협곡과 절벽을 만나 쏟아져 내리는 곳이 애서배스카 폭포이다.

폭포 앞에 서니 3,000m급 눈 쌓인 케르케슬린산Mt. Kerkeslin
(2,984m) 아래 에메랄드빛 큰 물줄기가 엄청난 물보라와 굉음
을 일으키며 시원스럽게 두 바위틈 사이로 떨어지는 모습은 장
관이었다.

산책로를 따라 폭포 근처를 둘러보았는데 주위에 있는 바위
들은 얇은 판자들이 쌓여 굳어진 것 같이 특이한 모양이었고
폭포수는 좁은 협곡을 따라 빠르게 달려가고 있었다.

오늘의 일정을 마치고 재스퍼로 돌아가는 도로 양방향 갓길
에 차들이 정차해 있었다. 이런 경우 대개 근처에 있는 야생동
물을 보고 사진을 찍기 위해서인데 우리도 차를 세우고 나가
보니 엘크 두 마리가 도로변에 있었다. 이들은 주위에 많은 사
람이 모여 보고 있는데도 사람들과 자주 접해서인지 도망가지
도 않고 태연하게 풀을 뜯고 있었다.

사진 몇 장을 찍고 숙소인 멀린 캐니언 호스텔Maligne Canyon
Hostel로 향하였다. 재스퍼 국립공원 관광을 위해 3일간 머무를
숙소를 예약할 당시 재스퍼 시내에 있는 재스퍼 시내 호스텔
Jasper Downtown Hostel, 재스퍼 호스텔Jasper Hostel 등 두 곳은 빈
침대가 없어 시내에서 약 8km 떨어져 있는 멀린 캐니언 호스
텔로 예약하였었다.

재스퍼 국립공원의
애서배스카 폭포

호스텔에 입실 등록할 때 관리인이 호스텔 사용 요령을 자세히 설명해 주었다.

이 호스텔은 멀린 캐니언 근처 숲속 외진 곳에 있어 상수도 시설이 되어 있지 않았다. 주방에서 물을 사용할 때 밖에 설치되어 있는 대형 물탱크에서 작은 물통으로 담아와야 하고 용변을 보려면 숙소에서 조금 떨어진 위치에 합판으로 지은 푸세식 화장실로 가야 했다. 샤워하기 위해서는 멀린 캐니언 호스텔 투숙객이 샤워할 수 있도록 사전 협약이 되어 있는 재스퍼에 있는 재스퍼 시내 호스텔로 가야 한다고 안내했다.

애서배스카 폭포에서 재스퍼로 오는 도로변 엘크들

재스퍼 시내 호스텔에 가서 샤워 후 숙소로 돌아오며 쇼핑한 식료품으로 저녁을 준비하였다. A 플러스 트리플 등심에 버섯, 양파 등을 넣은 요리를 하여 네 번째 소고기 식사를 하였다.

DAY 12

재스퍼의 최고 명소인
멀린 호수 스피릿 아일랜드

숙소인 멀린 캐니언 호스텔에서 약 35km 위쪽에 있는 멀린 호수로 가서 크루즈를 한 후 숙소 바로 아래에 있는 멀린 캐니언 트레일을 걷는 날이었다.

아침에 일어나 야외 화장실에 갔다가 옆 계곡 쪽에서 물소리가 들려 길을 따라가니 침엽수림과 돌들 사이로 빠르게 흘러가고 있는 물줄기가 희미한 새벽 햇살에 은빛으로 빛나고 있었다. 하늘이 서서히 밝아오며 바뀌는 주위 경치가 환상적이라 한참을 멍하니 바라보고 있었다. 세면도구를 가지고 돌아와 계곡물로 양치하고 세수도 하니 기분이 날아갈 듯 상쾌하였다.

아침을 들고 멀린호수Maligne Lake로 가려 주차장으로 갔는데 옆 숲속에 큰 엘크 한 마리가 보였다. 사람들과 마주치고도 도망가거나 피하지 않고 계속 풀을 뜯는 모습에서 이곳의 주인은 인간이 아니고 야생동물들이란 생각이 들었다.

멀린호수 크루즈 예약 시간은 오후 3시 45분이었으나 너무 늦어 이보다 이른 시간에 출발하는 유람선이 있으면 앞으로 당겨볼 요량으로 9시 조금 지나 길을 나섰다.

멀린호수로 가는 중간에 길고 넓은 메디신 호수Medicine Lake 가 나타났다. 호수 왼쪽과 전면은 산 중턱부터 나무가 없는 높

재스퍼 국립공원 내에 있는 멀린 캐니언 호스텔

재스퍼 국립공원의 메디신 호수

은 바위산 연봉이 이어져 있고 오른쪽 산은 중간 정도까지 나
무들이 산불에 타서 잿빛으로 변한 모습이었다.

이 호수는 빙하가 녹는 여름에는 호수의 물이 많아져서 물이
불었다가 가을부터 물의 양이 줄어들어 겨울에는 물이 거의 사
라지기도 하여 원주민들이 마법의 호수라고 불렀다고 한다.

물이 사라지는 이유는 연구 결과 호수 아래 지반이 석회석이
기에 호숫물이 지하로 스며들어 17km 떨어진 멀린 협곡으로
흘러가기 때문이라고 한다.

호수 위 좌측으로 난 도로를 조금 가다 보니 사람들이 차를 세우고 밖으로 나와 있었다. 그들이 모두 호수 쪽 나무 위 둥지에 앉아있는 흰머리수리Bald Eagle 어미 새와 새끼를 쳐다보고 있었는데 어미는 호수 쪽을 바라보고 있어 얼굴을 볼 수 없었다.

메디신 호숫가 둥지에 있는 흰머리 수리 어미와 새끼

흰머리 수리는 미국이 1782년에 나라 새(국조國鳥)로 지정하여 대부분의 미국 정부 기관 휘장에는 흰머리 수리가 그려져 있다. 수컷이 오든지 어미가 얼굴을 돌리기를 기다렸으나 마냥 기다릴 수 없어 어미 뒷모습 사진을 찍고 자리를 떴다.

멀린 호수 매표소로 가서 예약한 오후 3시 45분 이전 티켓이 있는지 문의하였더니 11시에 출발하는 유람선의 잔여석이 있다고 하여 무려 4시간 45분이나 앞당긴 표를 끊었다. 그래도 유람선 출발 30여 분 전이라 호숫가 길을 잠시 걸으며 경치를 감상하였다. 멀린호수는 남북으로 22km나 되는 캐나다 로키에서 가장 큰 빙하 호수이고 빙하 호수로는 세계에서 두 번째로 큰 호수(첫 번째는 바이칼 호수)라고 한다. 멀린호수에 있는 명소 스피릿 아일랜드Sprit Island를 보려고 많은 관광객이 이곳을 찾는다. 이 섬의 아름다운 경치를 코닥KODAK 회사가 피터 게일스Peter Gales에게 의뢰하여 찍어 그 사진을 광고 이미지로 오래 사용하며 전 세계에 알려지게 되었다고 한다. 특히 코닥은 스피릿 아일랜드 사진을 1960년부터 40년간 뉴욕 맨해튼 중심가에 있는 그랜드센트럴역 Grand Central Terminal에 걸어놓아 수백만 명에게 홍보하였다고 한다.

멀린호수 선착장에서 유람선에 올라 40여 분을 가니 스피릿 아일랜드 선착장에 도착하였다. 배가 50여 명 탈 수 있는 작은

재스퍼 국립공원의 멀린호수

멀린호수에서 스피릿 아일랜드 가는 뱃길 풍경

배여서 달리다가 앞에서 오는 배를 만나면 속도를 줄였는데도 큰 물결에 배가 좌우로 흔들렸다. 섬으로 가는 동안 유람선 뒤쪽 선실 밖으로 나가 에메랄드빛 호수와 흰 구름 아래 눈 쌓인 산봉우리들, 그 아래 침엽수림 등 주변 경치를 바라보았는데 시간 가는 줄 몰랐다.

배에서 내려 15분간의 자유시간이 주어져 선착장에서 전망대까지 다녀왔다. 흰 구름이 비친 에메랄드빛 호수, 그 위 작은 섬에 자리한 몇십 그루의 침엽수들, 호수를 에워싸고 있는 눈 덮인 산봉우리들 등의 스피릿 아일랜드경치는 신선들의 세계 같았다. 멀린호수 선착장으로 돌아오면서도 배 뒤쪽에 나가 웅

재스퍼 국립공원 멀린호수의 스피릿 아일랜드

장하고 신비스러운 풍경에 취해 있었다.

멀린호수 관광을 마치고 호스텔로 돌아오니 방에 놓아두었던 어제 산 식료품 봉지 두 개가 주방으로 옮겨져 있었다. 조금 있자 호스텔 관리인이 와서 어제 식품food은 주방에 보관하고 방에 들이지 말라는 지침을 말했는데 이를 어겨서 자기가 주방으로 가져다 놓았다고 하며 화냈다. 필자는 식품을 "조리한 식품cooked Food"으로 이해하였고 라면, 양파, 소고기 등 요리 재료는 방에 가져가도 되는 줄 알았다고 답변하고 오해한 것에 대해 사과하였다. 아마 이곳이 산속이라 곰이 식품 냄새를 맡고 숙소에 접근하는 것을 예방하려는 지침 같았다.

달걀, 양파를 넣어 끓인 라면과 빵, 사과 등으로 점심을 들고 숙소 아래쪽에 있는 멀린 캐니언Maligne Canyon 트레일 쪽으로 걸어갔다. 멀린 캐니언은 캐나다에서 가장 깊고 길은 협곡으로 그 사이로 애서배스카강의 지류가 흐르고 협곡을 따라 트레일이 조성되어 있다.

트레일 중간중간 협곡 위로 6개의 다리가 놓여 있는데 동쪽 주차장에서 6번째 다리까지는 약 3.6km로 2시간 이상 걸려 대다수 관광객은 30분 정도면 다녀올 수 있는 3, 4번 다리까지만 내려갔다가 온다고 한다.

트레일을 따라 내려가며 경치를 구경하였는데 폭이 좁은 협

재스퍼 국립공원의 멀린 캐니언

멀린 협곡에서 만난
털갈이 중인 산양

곡 아래는 물살이 거세고 요동치는 물줄기가 우렁찬 소리를 내었다. 3일 전 방문하였었던 쿠트니 국립공원 마블 캐니언에 비해 규모가 두 배 이상인 것 같았다.

다섯 번째 다리까지 갔다가 돌아왔는데 오는 길에 털갈이하고 있는 산양 두 마리도 보았다. 마블 캐니언을 걸은 후 재스퍼 시내 식료품 마트에 가서 연어 3팩을 사와 식용유를 두른 프라이팬에 구워 저녁을 맛나게 먹었다.

DAY 13

마운트 롭슨 주립공원과 이디스 카벨산

캐나다 로키에서 가장 높은 산봉우리인 롭슨산_{Mt. Robson} (3,954m)과 재스퍼 시내에서도 한눈에 보이고 에인절 빙하가 있는 이디스 카벨산_{Mt. Edith Cavell}을 다녀오고 나서 미에트 온천 Miette Hot Springs에서 목욕으로 일정을 마치는 날이었다.

재스퍼에서 87km 서쪽에 있는 롭슨산 주립공원은 밴프와 재스퍼 국립공원의 유명세에 묻혀 잘 알려지지 않았고 밴쿠버, 캘거리 등 대도시에서도 먼 캐나다 로키의 북쪽 끝자락에 있어 자연 그대로의 모습을 더 많이 간직하고 있다고 한다.

숙소를 출발하여 2시간여 16번 도로를 따라 달려 롭슨산 방문자센터에 도착하였으나 이 주립공원의 서쪽 입구에서 바라보는 롭슨산 경치가 아름답다고 하여 그곳부터 찾아갔다.

서쪽 입구에는 공원 표지석 위에 산양 조형물이 세워져 있었는데 이곳에서 바라보는 눈 쌓인 롭슨산 봉우리는 우뚝 솟아 위풍당당하게 주위를 내려다보고 있었다.

롭슨산을 배경으로 사진을 찍고 방문자센터 옆에 있는 카페로 가서 커피를 들었다. 카페 커다란 창밖에 있는 활짝 핀 분홍색 해당화, 흰 눈 덮인 롭슨산, 고즈넉한 방문자센터와 그 뒤쪽 침엽수가 빼곡한 푸른 산 등의 경치는 한 폭의 그림 같았다.

롭슨산과 공원 표지석 앞에 선 필자, 안병주 사장, 박승욱 사장(왼쪽부터)

롭슨산 주립공원 카페에서 바라본 풍경

거대한 바위산인 롭슨봉은 일 년 중 300일이 구름에 덮여 있다고 하는데 오늘은 뚜렷하게 그 모습을 드러내고 있어 커피를 들며 경치를 감상한 행운의 날이었다. 미국 뉴멕시코주부터 4,500km를 달려온 로키산맥의 정기精氣가 롭슨산 정상에서 하늘로 솟아오르고 있는 것 같았다.

커피를 마신 후 롭슨산 아래까지 가는 트레일을 걷기로 하였다. 트레일은 방문자센터에서 키니 호수Kinney Lake까지 가는 코스(왕복 9km), 버그 호수Berg Lake까지 가는 코스(왕복 21km) 등이 있었으나 오후 일정을 고려하여 키니 호수까지 다녀오기로 하였다. 방문자센터에서 트레일 입구까지 약 2km는 자동차로 들어갈 수 있어서 실제로 키니 호수까지 왕복 걷는 거리는 약 5km 정도이었다.

1909년 목사이자 등산가인 조지 키니George Kinney가 롭슨산 등정을 12회 만에 성공하자 그의 이름을 따서 키니 호수라고 이름을 붙였다고 한다. 주차장에서 조금 걸어가 롭슨강 다리를 건너니 하늘로 쭉쭉 뻗은 아름드리 침엽수들이 우거진 트레일이 나왔는데 오른쪽으로는 에메랄드빛 빙하수가 큰 물소리를 내며 흘러가고 있었다.

트레일 양쪽 숲속 쓰러져 오래된 고목들과 바위 주위에는 이끼가 잔뜩 덮여있고 그 위에

키니 호수 트레일 옆 롭슨강

롭슨산 주립공원의 키니 호수 가는 트레일

는 풀들과 나무들이 자라고 있어 태곳적 자연 속에 들어와 있는 것 같았다. 한참을 올라가자 탁 트인 공간이 나왔는데 오른쪽은 롭슨강이 세차게 흘러오고 왼쪽은 길을 따라 야생화들이 흰색, 노란색, 붉은색 등 여러 색깔의 꽃을 피워 아름다움을 뽐내고 있었다.

예쁜 꽃들을 핸드폰 카메라에 담은 후 롭슨봉을 간간이 바라보며 트레일을 따라 계속 올라가 목조다리를 건너니 넓은 키니

호수가 나타났다. 롭슨산(3,953m)과 화이트혼산 Mt. White Horn
(3,395m)에 둘러싸인 잔잔한 호수 수면에는 푸른 하늘과 산들의
모습을 비추고 있었다.

높은 산 위에서 빙하가 녹아 흘러 들어오는 호수 뒷면의 물
빛은 짙푸른 색으로 호수 앞면의 옅은 녹색과 확연히 구분되었
다. 잠시 호숫가에 서서 웅장한 산봉우리와 고요한 호수를 감
상하고 나서 발길을 돌렸다.

롭슨산 주립공원 키니 호수 가는 길가 야생화들

롭슨산 주립공원의 키니 호수

아침에 커피를 마신 카페로 돌아가 점심으로 롭슨 랩 Robson Wrap 을 먹었다. 채소, 햄, 네모 빵조각 등을 부드러운 밀가루 토르티야(납작 빵)로 싼 음식으로 맛있었다. 점심 후 재스퍼 시내에서 남쪽 28km 떨어진 에디스 카벨산 Mt. Edith Cavell 으로 갔다.

에디스 카벨은 제1차 세계대전 당시 벨기에를 점령한 독일군의 연합군 포로 200여 명의 탈출을 돕다가 독일군에게 잡혀 처형당한 영국 간호사였다. 그녀의 숭고한 정신을 기려 산의 이름을 그녀의 이름을 따서 지었다고 한다.

재스퍼를 거쳐 아이스필드 파크웨이를 타고 밴프 쪽으로 조금 가다가 에디스 카벨산으로 가는 진입로로 나갔다. 그곳에서 좁은 길을 굽이굽이 돌아 30여 분을 올라가 산 중턱에 있는 주차장에 도착하였다.

차에서 내려 600m를 올라가 에디스 카벨산과 엔젤 빙하 Angel Glacier, 그 아래 작은 연못 Etang Cavell Pond과 연못 뒤 작은 카벨 빙하 Cavell Glacier 등을 내려다볼 수 있는 갈림길까지 왕복 1.2km를 다녀왔다.

엔젤 빙하는 빙하의 모습이 날개를 편 천사와 같다고 하여 그런 이름을 붙였다고 한다. 작은 연못에는 유빙이 떠다니고 엔젤 빙하에서 녹은 물이 떨어져 흘러 들어가고 있었다. 빙하와 유빙 연못 구경을 하고 내려오는데 뒤쪽에서 큰 소리가 들려 돌아보니 엔젤 빙하 일부와 그 위에 쌓인 눈이 아래로 떨어지는 소리였다. 그 후 몇 번 더 큰 소리가 났는데 지구 온난화를 경고하는 사이렌을 계속 울리는 것 같았다.

에디스 카벨산에서 내려와 재스퍼 시내에서 61km 북동쪽에 있는 미에트 온천으로 갔다. 미에트 온천 Miette Hot Springs은 캐나다 로키에 있는 온천 중에서 가장 온도가 높은데 산에서 내려오는 물의 온도는 54도 정도여서 37~40도로 낮춰 공급한다고 한다. 또한 이곳 온천수에는 칼슘, 마그네슘, 황산염 등 미네

재스퍼 국립공원의 에디스 카벨산

랄이 풍부하여 피부에 좋은 효과가 있기에 현지 주민들도 많이 찾는다고 한다. 재스퍼에서 16번 도로를 타고 가다 빠져나와 좁고 구불구불한 산길을 17km 정도 올라 사방이 산으로 둘러싸인 온천에 도착하였다.

나무 위에 올라가 있는
곰 어미와 새끼들

    온천으로 가는 도중에 오가던 차들이 모두 정차되어 있고 승
객들이 차 밖으로 나와 있어 우리도 차를 세워야 했다. 차에서
내려서 보니 어미 곰과 새끼 곰 두 마리가 나무 위에 올라가 있
었는데 어미는 나뭇잎을 열심히 먹고 있고 새끼 곰들은 어미가
앉아있는 위쪽에서 함께 놀고 있었다. 곰들이 얼굴 모습을 보
여주질 않아 사진을 찍으려는 구경꾼들이 모두 한참을 기다려
야 했다. 간신히 사진 몇 장들을 찍은 후에야 차들이 서서히 움
직이기 시작하였다.

실내에서 짧은 바지 수영복으로 갈아입고 야외 온천으로 나갔다. 앞쪽에 온탕 2개, 그 왼쪽에 조그만 냉탕 2개가 있었는데 앞 얕고 미지근한 탕에는 주로 아이들과 함께 온 가족들이 많았다. 어른들이 많은 편이고 온도가 39도로 따뜻한 뒤편 탕 물 속으로 들어갔다. 따뜻한 온천수에 몸을 담그니 캐나다 여행 13일간의 피로가 조금 풀리는 것 같았다.

재스퍼 국립공원의 미에트 온천

DAY 14

아이스필드 파크웨이를 따라 캘거리로

어제 아침부터 감기 기운이 있어 약을 먹었으나 밤에 잠자리에 든 후 기침이 심해져 계속 콜록대다가 다른 여행객들의 수면에 큰 지장을 줄 것으로 생각되어 방에서 나왔다. 방을 나올 때 위층 침대를 얼핏 보니 여행객이 잠에서 깨어 핸드폰을 보고 있어 미안하였다. 주방과 휴게실이 있는 옆 건물 소파에서 12시 30분부터 2시간가량 있었더니 기침이 잦아들어 다시 침대로 돌아와 잠을 청했다.

아침에 일어나 위층 침대 중년 남성 여행객에게 필자의 심한 기침으로 안면安眠을 방해하여 죄송하다고 하였더니 웃으며 괜찮다고 하였다. 그런데 얼굴을 마주하니 어디에선가 만난 적이 있는 것 같다는 생각이 들었다. 옆에 있던 박승욱 사장이 이 남

재스퍼 멀린
캐니언 호스텔에서
필자와 파블로 부부

성과 옆 침대 위층에서 자고 내려온 중년여성을 이전 숙소인
캐슬 마운틴 호스텔 주방에서 만났었다고 기억해 냈다. 그들도
우리 팀원들을 알아보고 또 만났다고 무척 반가워했고 잠시 대
화를 나누었다. 그들은 스페인 마드리드에서 온 파블로Pablo와
애니Annie 부부로 캐나다를 한 달간 여행하고 있다고 하였다.

아침에도 가끔 기침이 나고 몸 상태가 좋지 않아 아래 내복
을 꺼내 입었다. 오늘 캘거리로 가서 내일 12시에 한국으로 돌
아가는 비행기를 타기로 예정되어 있다.

원래 계획은 앨버타주의 수도인 에드먼턴을 경유하며 앨버타주 의회 의사당, 웨스트 에드먼턴 몰West Edmonton Mall(800개 넘는 상점이 있는 북미 최대 쇼핑몰 중 하나) 등을 구경하고 캘거리로 가는 일정이었다. 그러나 필자의 몸 상태를 고려하여 에드먼턴으로 우회(648km)하지 않고 재스퍼로 올 때 타고 왔던 아이스필드 파크웨이(419km)로 가기로 했다.

필자의 컨디션 외에도 세계 10대 드라이브 코스 중 하나인 아이스필드 파크웨이를 달리며 주변의 아름다운 경치를 한 번 더 감상하고 싶은 마음도 있었다.

캘거리로 가는 동안 두 번이나 비를 흩뿌리고 하늘이 흐렸다 개였다 반복하며 변덕스러웠다. 선왑타 고개를 넘어 크로싱Crossing에 가기 전 왼쪽 산 절벽에 폭포가 보여 차를 세웠다. 위핑 월Weeping Wall 폭포이었는데 약 300m 절벽에 큰 두 줄기 폭포가 흘러내리고 있어 정말 폭포 이름과 같이 눈물을 흘리고 있는weeping 것 같았다. 겨울에는 이 폭포가 얼어붙어 빙벽등반을 하는 사람들이 많이 찾는 명소라고 한다.

크로싱에 도착하여 휴식을 취하며 식당에서 대구 버거Cod Burger와 콜라로 점심을 먹었다. 역시 아이스필드 파크웨이는 세계 제일의 드라이브 코스 중 하나라는 명성에 걸맞았다.

밴프 국립공원의 위핑 월 폭포

설산으로 둘러싸인 크로싱의 점심 식사 식당

설산 아래 도로를 따라 빙하, 폭포, 호수, 강, 침엽수림 등이 있는 절경이라 이들을 감상하며 캘거리까지 6시간 정도를 운전하였으나 지루한지를 몰랐다.

캘거리에 도착한 후 한식당 한국관Korean Village Restaurant에 가서 캐나다 여행을 무사히 마친 자축파티를 하였다.
소갈비, 파전, 만둣국 등이 나오는 코스 요리로 푸짐하게 저녁 식사를 하며 술잔을 부딪쳤다.

공항 근처 호텔에 도착하여 욕조에 따듯한 물을 받아놓고 몸을 담그니 2주간 쌓인 피로와 감기 기운이 물속으로 풀려나가는 기분이었다.

밴프 국립공원 크로싱 인근 노스 서스캐처원강

DAY 15

캘거리를 떠나
인천공항으로

이번 캐나다 여행 14일 중 13일은 호스텔에서, 어제 마지막 날은 이곳 클리크 캘거리 공항 호텔Hotel Clique Calgary Airport에서 숙박하였다. 모처럼 여행 팀원 3명이 한 방에서 오붓한 시간을 보내며 대화를 나누었다.

아침 식사도 호텔 1층 식당에서 포크와 나이프를 사용하며 우아하게 아메리칸 브렉퍼스트American Breakfast 식으로 하였다. 주스, 시리얼, 팬케이크, 토스트, 베이컨, 소시지, 계란프라이, 당근, 커피 등을 들었다.

아침을 든 후 공항으로 가서 렌터카를 반납하고 공항 출국장으로 갔다. 어제 아침 재스퍼에서 멀린 캐니언 호스텔을 출발하며 남아 있던 식료품과 간식(라면, 햇반, 콘칩 등)을 파블로Pablo

부부에게 주고 왔다. 그러나 아직도 가방에 있던 물과 사과는 비행기 탑승 전 보안 검색대 옆에 버려야 했다.

캘거리로 올 때는 캐나다 항공사 웨스트 젯West Jet 직항으로 왔으나 귀국 시는 웨스트 젯의 직항편이 없어 밴쿠버로 가서 2시간을 기다리다 대한항공KAL 비행기로 갈아탔다.

KAL 비행기에 올라 좌석 벨트를 매고 얼마 지나지 않아 그동안의 피로와 긴장이 풀리고 감기약을 먹어서인지 졸음이 몰려와 꿈속으로 빨려 들어갔다.

PART 2

미국 콜로라도 로키

Colorado Rockies

미국 콜로라도 로키 DAY 1~DAY 7

DAY 1 인천 공항 → 덴버 공항 → 덴버 숙소

DAY 2 덴버 → 콜로라도대학교 볼더 → 센트럴시티 텔러하우스·레이스 하우스 → 덴버(옥토버페스트)

DAY 3 덴버 → 블루스카이산 → 루크아웃 마운틴 공원 → 버펄로 빌 묘 → 신들의 정원 → 덴버

DAY 4 덴버 → 코퍼산 → 클린턴 협곡 댐 저수지 → 트윈호 → 인디펜던스 고개(대륙분수령) → 글렌우드 핫 스프링스 풀 → 글렌우드스프링스

DAY 5 글렌우드스프링스 → 블랙 캐니언 오브 더 거니슨 국립공원(노스림·사우스림·페인티드 월) → 글렌우드스프링스

DAY 6 글렌우드스프링스 → 마블·크리스탈 밀 → 크레스티드 뷰트 → 글렌우드스프링스

DAY 7 글렌우드스프링스 → 아스펜 하이랜드 스키 리조트 → 마룬벨스(마룬호·크레이터호) → 글렌우드스프링스 → 몬트로즈

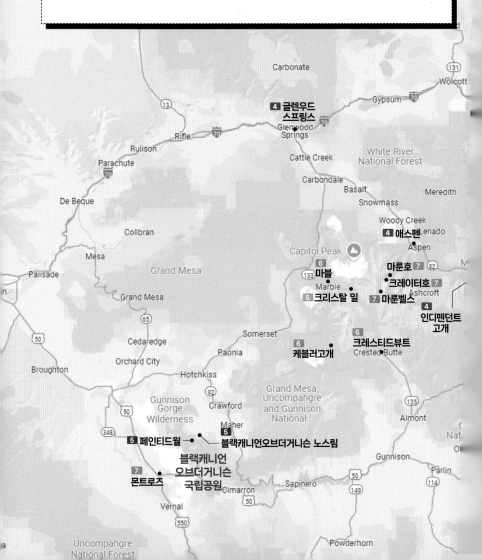

DAY 1

미국 콜로라도 로키의 관문 덴버로

추석 연휴 마지막 날 오전 미국 여행에 필요한 물건들, 항공권과 숙소의 예약서 복사본 등을 챙겨 여행용 가방에 넣었다.

인천공항 출발은 연휴 다음날 11시 30분이었으나 당일 아침 여주에서 가면 늦을 수가 있기에 전날 인천공항 제1터미널 지하에 있는 24시간 사우나 찜질방 "스파온 에어 Spa On Air"에 가서 하룻밤을 잤다.

아침 식사를 하고 나서 핸드폰을 미국에서 사용하기 위한 SKT 로밍서비스를 받고 공항 면세점에서 김치(10봉지)를 산 후 유나이티드 항공 UA 비행기에 올랐다.

샌프란시스코 공항에서 국내선 비행기로 갈아타고 덴버에

도착하니 대낮 12시였는데 여행 가방은 공항철도를 타고 종점 Terminal에 가서 찾는 특이한 시설 배치였다.

알라모Alamo 렌터카 사무소에 가서 예약한 닛산 RV 차 키를 받았으나 핸들 앞 계기판에 "Engine Oil(엔진 오일)"이란 붉은 글씨가 보여 포드 RV 차로 바꿔 빌렸다.

공항을 빠져나와 3일간 숙박할 호스텔 피시Hostel Fish로 향하였다. 덴버에 있는 동안 근교 명소들을 25번과 70번 주간 고속도로Interstate Highway를 이용하여 다녀와야 하기에 이 두 고속도로가 교차하는 곳 인근에 있는 호스텔 피시를 예약하였었다.

이 호스텔 주변 지역은 많은 레스토랑과 바bar가 즐비하여 밤 문화를 즐기는 젊은 이들이 즐겨 찾는 장소였는데 호스텔 피시 주방에도 바bar가 함께 있어 우리가 찾아간 날 밤에도 술을 마시고 대화를 나누는 젊은이들로

덴버의 숙소 호스텔 피시(건물 2~3층)

호스텔 피시의 주방과 한 방에 있는 술집Bar & Kitchen

북적거렸다.

더구나 우리가 찾아간 다음 날부터 주말까지 호스텔 서쪽 도로(20th와 21th St. 간 라리머 스트리트)에서 "덴버 옥토버 페스트 Denver Oktoberfest" 축제가 열려 근처 공영 주차장은 축제용으로 사용하려고 출입을 차단해 놓고 있었다. 호스텔이 있는 블록 block과 주위를 한 시간이나 돌다가 간신히 주차장 한곳에서 공간을 발견하여 주차 후 여행 가방을 내려 끌고 호스텔로 갔다.

저녁 식사로 타이 식당Aloy Modern Thai에서 닭고기 쌀국수를 시켜 들었는데 국물이 아주 짰으나 여행 첫날을 기분 좋게 보내고자 이의를 제기하지 않고 뜨거운 물을 타서 먹었다. 종업원이 "음식이 어떠하냐?"고 물었을 때 "맛이 있다."라 답한 후 팁도 20%를 주고 나왔다. 호스텔로 돌아오는 길에 일본 수퍼마켓에서 달걀, 슬리퍼 등을 샀다.

이층 침대 위에서 잠을 청했으나 옆 건물 2층에서 신나는 음악이 계속 흘러나와 일어나 창밖을 보니 '덴버 옥토버 페스트' 전야제를 마쳤는지 12시가 넘은 시간인데도 젊은 남녀들이 쌍쌍이 모여 맥주를 마시고 춤을 추고 있었다.

DAY 2

덴버의 인근 도시,
볼더와 센트럴 시티

미국 여행을 오기 전 사전 예약하지 못하였으나 다른 예약자가 취소한 입장권이 있는지 알아보고 없으면 예약하기 위하여 아침 5시 조금 지나 숙소를 출발하여 록키마운틴 국립공원 입구 마을 에스테스 파크Estes Park로 갔다.

2시간 넘게 달려 에스테스 파크에 도착한 후에 문 닫힌 상점가를 한 바퀴 돌고 나서 마을 입구로 나오니 문을 연 식당The Egg이 있어 들어가 판 케이크, 계란프라이, 베이컨, 커피 등으로 아침을 들었다.

아침 식사 후 방문자센터를 찾아갔으나 9시에 문을 열어 30여 분을 밖에서 기다렸다. 방문자센터에 들어가 직원에게 오늘 베어 호수Bear Lake 관광이 가능한지 문의하였으나 예약하지 않

앉으면 입장할 수 없다고 하였다. 이곳에 오기 전 예약을 시도 하였었으나 신청서에 필자의 신상정보 자료가 입력이 안 되어서 그냥 왔다고 하였더니 옆에 있던 여성 자원봉사자가 도와주 겠다고 나섰다. 오늘과 내일은 예약이 다 찼다고 하여 귀국 전 날인 10월 2일 예약의 도움을 청하였다.

필자의 핸드폰으로 예약을 진행하였는데 신청서 양식 전화 번호란에 자료 입력이 되지 않았다. 자원봉사자는 처음부터 다 시 한번 더 입력해 보라고 하여 따랐으나 결과는 마찬가지였 다. 이를 지켜보고 있던 다른 봉사자가 필자의 핸드폰을 넘겨 받아 자료 입력 방법을 이리저리 찾아보다가 자원봉사자 본인 전화번호를 입력하니 다음 단계로 넘어가 예약을 마쳤다. 신청 서 전화번호란에 한국 번호가 아닌 미국 번호를 입력해야만 된 다는 것을 알아냈다. 예약을 마치고 너무 기쁜 나머지 자원봉 사자와 손바닥을 마주치는 하이 파이브를 하였다.

여성 자원봉사자들에게 감사하다는 말을 몇 번 하고 나서 10 월 2일에 방문하기로 계획하였던 볼더 Boulder와 센트럴 시티 Central City로 차를 몰았다.

볼더는 덴버에서 약 43km 북서쪽 로키산맥 기슭에 있는 위 성도시로 인구는 11만여 명이다. 이곳에 있는 콜로라도 주립대 학교 볼더 University of Colorado Boulder에는 학생 수가 3만 8천여

콜로라도대학교 볼더의 옛 경제연구소

명에 달하는데 이 대학교가 볼더의 경제, 문화의 중심 역할을 하고 있다. 필자도 이 대학교에서 1982년 가을부터 이듬해 봄까지 6개 월간 어학연수를 받았었다.

대학교 근처 주차장에 주차한 후 중식당에서 볶음밥, 만두 등으로 점심을 들고나서 42년 전에 연수를 받으며 많이 들렸던 대학교 캠퍼스 내 건물을 둘러보았다. 우선 연수를 받았던 붉은 벽돌의 3층 건물 경제연구소Economic Institute를 찾아갔다. 이 연구소에서 연수 기간 중 교통사고를 당하여 척추가 부러지는 중상을 입었었다. 수술 후 허리 보호대를 두르고 휴식 시간 10분 동안 교실 바닥에 누워 휴식을 취해가며 힘들게 수업을 들던 시절을 머릿속에 떠올리니 감회가 새로웠다. 건물은 수리 중으로 안으로 들어가 보고자 하였으나 문이 잠겨있고 건물 오른쪽 벽에는 "The MB Glassman Foundation Wing"이란 표지판이 붙어 있어 어느 재단 건물이 된 것 같았다.

다음으로 찾아간 곳은 콜로라도대학교 도서관이었다. 1982년 어학연수를 받던 당시에는 이 도서관이 전 세계 각국으로부터 받아보는 신문을 통해서만 국내 소식을 접할 수 있었다. 한국에서는 "한국일보"가 배달되고 있었는데 일주일이나 열흘

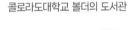

콜로라도대학교 볼더의 도서관

정도에 한번 도서관 해외신문 열람실에 가서 보는 한국일보는 그렇게 반가울 수가 없었다. 지금은 핸드폰으로 세상 누구와도 대화를 나누고 정보를 교환할 수 있는 세상이 되었으니 격세지감을 느꼈다.

대학교 근처에 우편취급소와 함께 있어 편지를 부치려고 자주 들렸던 콜로라도서점 Colorado Bookstore은 대형약국 체인점인 월그린 Walgreens으로 바뀌어 있었고 6개월간 세를 살았던 건물은 헐리고 주변이 주택단지로 변해 있었다. 머릿속에 42년 전 도시 모습을 그리며 다음 방문 도시 센트럴 시티로 향하였다.

센트럴 시티 Central City는 볼더에서 서남쪽으로 약 58km에 있는 옛 광산촌 마을로 1859년 이 도시에서 금광이 발견되고 이후 30년 동안 "세계에서 제일 부유한 지역 The Richest Square Mile on Earth"이라 불릴 정도로 도시가 아주 융성했었다고 한다. 이 작은 도시에 오페라 하우스와 호텔(4층)이 건립되어 있다는 것이 그 한 예이다.

1900년에 인구가 3,114명이나 되었으나 이후 금광 광맥이 고갈되면서 점차 줄어 1970년 228명까지 떨어졌다가 1991년에 카지노 도박이 이 마을과 옆 마을 블랙호크에 도입되면서 점차 늘어 2020년에는 779명에 이르렀다고 한다.

센트럴 시티의 텔러 하우스 호텔

센트럴 시티 방문자센터에 가서 이곳의 역사적 장소 박물관 Historical place museum인 텔러 하우스Teller House를 볼 수 있느냐고 물었더니 여성 직원이 웃으며 앞장서 안내했다. 텔러 하우스는 1872년 지어진 로마네스크 양식의 4층 호텔로 건축 당시 미시시피강 서쪽에서 최고급 호텔로 손꼽혔다고 한다.

이 호텔은 1층 술집bar의 나무 바닥에 그려져 있는 여성의 얼굴 그림, "술집 바닥의 얼굴The Face on the Barroom Floor"로 유명하다. 이 그림은 1936년 지역예술가인 헌든 데이비스Herndon Davis가 텔러 하우스에서 해고된 후 호텔 종업원Jimmy Libby의 도움으로 한밤중 촛불 아래에서 그렸다고 한다. 헌든 데이비스

는 존 헨리 티투스John Henry Titus가 1872년에 처음 쓰고 휴 앙
투안 다시 H. Antoine d'Arcy가 이를 각색하여 1887년에 쓴 시詩인
"술집 바닥의 얼굴"에서 영감을 받았다고 한다. 시를 요약하면
'술에 취한 한 남자가 술집에 들어와 자신의 사랑하는 애인을 친
구에게 빼앗긴 사연을 이야기하고 술집 바닥에 옛 애인의 얼굴
을 그리다가 쓰러져 죽었다'라는 내용이다. 이 시의 내용은 1914
년 이후 영화(3편), 오페라, 뮤직비디오 등으로도 제작되었다.

텔러 하우스 호텔 1층에 그려진 "술집 바닥의 얼굴"

블랙호크의 마운틴 시티 역사 공원에 있는 레이스 하우스

텔러 하우스에 그려져 있는 아름답고 매력적인 미녀 얼굴을 보고 나와 옆 마을 블랙호크Blackhawk의 "마운틴 시티 역사 공원Mountain City Historic Park"에 들렀다. 이 역사 공원에는 11채의 보존 가치가 있는 건물이 복원되어 있는데 이 중 제일 많이 알려진 건물은 "레이스 하우스Lace House"이다.

레이스 하우스는 톨게이트 운영 사업자 루시앙 스미스Lucien K. Smith가 1863년에 결혼하며 그의 아내 메리 저메인Mary Germain에게 결혼 선물로 지어준 집이다. 1977년 복원 작업을 마쳤고 2008년 블랙호크 시내에서 현 위치로 이전하였다.

이 집의 가파른 지붕, 뾰족한 창문 이외에 지붕 선을 따라 아

덴버 옥토버페스트 축제장

치형 10개의 창문 위와 현관 지붕 선 등을 따라 매우 화려한 레이스 장식이 있는 것이 아름다움을 더하고 있다. 건물 안으로 들어가 보려 하였으나 내부 수리 작업 중이라 출입을 통제하여 돌아서야 했다.

신부에게 결혼 선물로 지어준 멋진 레이스 하우스를 구경하고 나서 블랙호크 시내를 지나 경사가 급하고 굴곡이 심한 좁은 길을 거쳐 숙소로 돌아왔다. 블랙호크 마을은 119번 도로를 따라 새로 건축한 높은 카지노 건물들이 줄지어 들어서 옛 광산촌의 영광을 되찾으려 안간힘을 쓰고 있었다.

주차장에서 숙소로 걸어오면서 보니 라리머 거리Larimer St.
는 덴버 옥토버페스트Denver Oktoberfest 축제를 즐기고 있는 젊은
이들로 가득하였다. 무대 위에서는 스타인 호이스팅Stein Hoisting
대회가 열리고 있었다. 이 대회는 참가 선수들이 두 팔을 쭉 편
자세로 1리터의 맥주가 담긴 큰 유리잔stein을 들어 올린 후 누
가 가장 오랫동안 버티느냐를 겨루는 팔 근력 대회이다. 경기
동안 팔을 굽히든가 맥주가 잔에서 흘러나오면 탈락한다. 매
시합을 시작한 후 선수들의 팔이 흔들리거나 표정이 일그러지
다가 한명 한명 탈락하고 맨 나중에 한 명 남은 우승자가 잔을
들어 올릴 때는 젊은이들의 찬사와 박수가 쏟아졌다.

덴버 옥토버페스트의 스타인 호이스팅 대회

DAY 3

루크아웃 마운틴 공원과
신들의 정원

북미 대륙에서 차를 타고 올라갈 수 있는 가장 높은 포장도로(4,307m)가 있는 블루 스카이산Mt. Blue Sky에 다녀오기로 계획한 날이었다. 최근까지 이 산의 이름은 에반스산Mt. Evans이었다. 콜로라도 주지사를 지낸 존 에반스John Evans의 이름에서 따왔는데 그가 1864년의 아라파호Arapaho와 샤이엔Cheyenne 원주민 150여 명을 죽인 샌드크릭 학살Sand Creek massacre 사건에 연루되어 2023년 9월 산 이름을 블루 스카이산으로 변경하였다고 한다.

덴버 시내에서 블루 스카이산까지는 약 110km인데 9시경에 숙소를 출발하였다. 70번 주간고속도로로 아이다호 스프링스Idaho Springs까지 가서 103번 지방도로로 나가 산길을 올라 갔다. 에코 호수Echo Lake를 조금 지나 삼거리에서 우회전하여 블루 스카이산 정상 쪽으로 가려 하였으나 도로에 바리케이드가 설치되어 있고 폐쇄CLOSED란 표지판이 붙어 있었다. 산 정 상까지 약 24km를 더 올라가면 되는데 막혀있어 아쉬움을 안 고 돌아서야 했다. 나중에 자료를 검색하여보니 블루 스카이산 아래 서밋 호수Summit Lake 근처의 도로개선공사를 위해 두 달 전부터 2026년 초까지 도로를 폐쇄한다고 하였다.

블루 스카이산을 못 오르니 이 산보다 5m 낮고 그리 멀지 않 은 곳에 있는 파이크스 피크Pikes Peak(4,302m)도 승용차로 올 라갈 수 있기에 이 봉우리가 있는 매니토우 스프링스Manitou Springs로 가보기로 했다.

에코 호수 삼거리에서 올라온 길로 되돌아가지 않고 에코산 Mt. Echo을 넘어 덴버 쪽으로 가며 오른쪽 침엽수림 위에 우뚝 솟아있는 블루 스카이산을 보니 아주 멋졌다.

파이크스 피크로 가는 도중에 덴버를 바라볼 수 있는 전망 대, 버펄로 빌 박물관과 그의 무덤 등이 있는 루크아웃 마운틴 공원Lookout Mountain Park에 들렸다. 전망대에 서니 아래 왼쪽으 로 150년이 넘는 역사를 자랑하는 세계 최대 쿠어스Coors 맥주

루크아웃 마운틴 공원전망대에서 바라본 덴버

공장과 콜로라도 광산학교가 있는 골든Golden 마을이 내려다
보이고 멀리는 덴버가 흐릿하게 보였는데 앞에 탁 트인 풍경을
바라보며 어깨를 펴고 상쾌한 공기를 한껏 들이마셨다.

　근처에 있는 식당에서 햄버거로 점심을 간단히 먹고 파이크
스 피크 올라가는 시간을 고려하여 버펄로 빌 박물관은 들어가
지 않고 바로 버펄로 빌의 무덤을 보러 갔다.

버펄로 빌Buffalo Bill은 서부 개척 시대를 상징하는 인물 중 한 명으로 이름은 "윌리엄 프레데릭 코디William Frederick Cody"이나 버펄로buffalo(들소)를 4,280마리나 사냥하여 버펄로 빌 이란 별명을 얻었다. 그는 극단을 조직하여 "서부 개척 쇼"에 출연하여 카우보이와 인디언 전쟁 같은 줄거리의 공연으로 유명해졌고 미국 국내뿐만 아니라 유럽으로도 순회공연을 다녔다.

미국 서부 개척 시대를 극단 쇼를 통하여 알리고 1917년에 이곳에 묻힌 버펄로 빌의 무덤을 본 후 파이크스 피크에 오르기 위해 차를 몰았다.

루크아웃 마운틴 공원에 있는 버펄로 빌 묘

콜로라도 스프링스Colorado Springs 옆 매니토우 스프링스의
파이크스 피크 도로 입구 매표소에 도착하여 올라갈 수 있느냐
고 물었더니 사전 예약을 하지 않았으면 올라갈 수 없다고 하
였다.

내일부터 콜로라도 로키 서쪽으로 갔다가 이쪽 콜로라도 스
프링스로 돌아오는 날이 9월 29일인데 파이크스 피크 도로는
9월 말에 폐쇄CLOSED한다고 하여 차를 운전하여 산에 오르는
것은 포기하였다. 높은 산 도로는 방문하기 전에 폐쇄되지 않
았는지를 점검하고 예약이 필요한 곳은 사전 예약이 필수라는
것을 다시 한번 확인하는 날이었다.

파이크스 피크는 매니토우 파이크스 피크 산악 열차
Broadmoor Manitou and Pikes Peak Cog Railway로도 올라갈 수 있기에
콜로라도 로키 서쪽으로 갔다가 이쪽으로 돌아와서 머무는 3
일(9.29~10.1) 중에 매표하여 오르기로 하고 예약은 하지 않았다.

파이크스 피크 도로 입구에서 차를 돌려 매니토우 스프링스
마을을 거쳐 24번 도로 교차지점에 가니 건너편이 "신들의 정
원Garden of the Gods" 남쪽 입구여서 그쪽으로 들어갔다.

'신들의 정원'은 콜로라도 스프링스에서 제일 유명한 관광
지이다. 1909년 철도사업가 찰스 엘리엇 퍼킨스Charles Elliott
Perkins가 자신이 소유한 부지 약 115만 평(940에이커)을 콜로라

'신들의 정원'에서
필자(오른쪽)와
동생 김춘우 사장

도 스프링스 시에 무상으로 기증하면서 탄생한 공원이다.

방문자센터에 들어가 2층 테라스에 오르니 앞에 주차장과 야트막한 동산 뒤로 거대한 바위 3개가 우뚝 솟아있고 가운데 멀리 파이크스 피크(4,302m)가 구름 속에 모습을 감추고 있었다. 방문자센터에서 나와 차를 타고 '신들의 정원'을 한 바퀴 돌았다. 공원 곳곳은 여러 형태의 커다란 붉은 바위의 빼어난 경관이라 신들이 산책할 만하여 '신들의 정원'이라는 이름이 잘 어울리는 것 같았다.

공원 남서쪽에는 밸런스 락Balanced Rock이란 바위는 밑 부분의 접촉면이 좁은데도 균형을 유지하고 있는 것이 신기했다.

콜로라도 스프링스의 "신들의 정원"

'신들의 정원'에 있는 밸런스 락

밸런스 락 주위에는 많은 관광객이 모여있어 아래에서 구경하고 다음 장소로 이동하였다.

다음 찾아간 장소는 하이 포인트 오버룩High Point Overlook인데 붉은 바위의 낮은 언덕에 오르니 앞이 탁 트인 아름다운 경치를 배경으로 신랑과 신부가 들러리들과 함께 사진을 찍고 있었다. 결혼식 후 신랑 신부가 친한 친구 들러리들과 오래 남길 소중한 사진을 찍는 경치 좋은 장소라서 다시 한번 아름다운 풍광을 둘러보며 신혼부부의 행복을 빌었다.

'신들의 정원'을 구경하고 돌아오는 길에 일본 수퍼마켓에서 초밥과 소고기를 사 와서 소고기를 프라이팬에 구워 저녁으로 먹었는데 숙성이 안 된 것이라 그런지 소고기가 아주 질겼다.

하이 포인트 오버룩에서 만난 신혼부부와 들러리들

DAY 4

3,687m의 인디펜던스 고개를 넘어
아스펜 쪽으로

덴버를 떠나 로키산맥에서 가장 높은 산인 엘버트산Mt. Elbert(4,401m)을 볼 수 있다는 인디펜던스 고개Independence Pass를 넘어 세계적인 스키 리조트가 있는 아스펜을 거쳐 글렌우드 스프링스Glenwood Springs까지 가는 날이었다. 오늘부터 듀랭고와 실버톤 간 협궤증기기관차를 탔던 9월 27일까지 6일간은 아스펜Aspen(북미 사시나무)의 노란 단풍이 주변 높은 산들을 온통 뒤덮은 황금빛 천국이었다.

숙소 피시 호스텔을 출발하여 70번 주간고속도로를 달리다가 코퍼 마운틴Copper Mountain 출구로 나가 91번 도로로 올라섰다. 이곳부터 아스펜Aspen 마을까지는 로키 경관도로Rockies

콜로라도주 91번 도로에서 본 코퍼산 아스펜 단풍

Scenic Byway로 로키산맥의 절경을 감상할 수 있다.

91번 도로 경사진 길을 조금 올라가니 오른쪽에 흰 눈이 쌓인 산봉우리 아래 아스펜 노란 단풍나무 숲이 있는 코퍼산Mt. Copper이 보였다. 주차장에 차를 세우고 카펫에 금실로 수를 놓은 것 같이 아름다운 아스펜 단풍 경치에 취해 한참을 바라보았다.

이곳에서 출발하기 전에 필자가 용변을 보려고 주차장 앞쪽 비탈로 내려갔는데 그사이에 다른 관광객 부부가 주차장 앞쪽

비탈 근처로 왔다. 당황한 동생 김춘우 사장이 그들에게 사진을 찍어준다고 웃으며 제안하여 그들이 더 앞쪽으로 오는 것을 막아주어 곤란한 상황을 간신히 모면하였다.

　코퍼산 단풍 구경을 하고 조금 더 가니 왼편으로 고즈넉한 호수가 나타났다. 나중에 지도를 보니 클린턴 협곡 댐 저수지 Clinton Gulch Dam Reservoir로 왼쪽 야트막한 산은 호수에 그림자를 드리우며 잠겨있고 앞 눈 쌓인 드리프트 산봉우리 Drift Peak 는 구름에 싸여 모습을 드러내지 않고 있었다.

콜로라도주 91번 도로변의 클린턴 협곡 댐 저수지

고요한 저수지 호수를 뒤로하고 오늘 점심을 할 트윈 호수 Twin Lakes 마을로 향하였다.

트윈 호수로 가는 도중에 옛 탄광촌 리드빌 Leadville 마을 한 가운데를 통과하였는데 예전 서부영화 세트장 같은 분위기였다. 이 마을은 19세기 후반 콜로라도주에서 덴버에 이어 두 번째로 인구가 많은 도시였으며 과거에는 금과 은을 많이 생산하였고 지금도 몰리브덴을 생산하는 광산이 있다고 한다.

트윈 호수에 도착한 후 마을 입구 오른편에 있는 카페 겸 식당에서 빵, 커피를 사서 가져간 사과를 곁들여 점심을 간단히 들었다. 카페 앞쪽은 쌍둥이 호수Twin Lake와 침엽수림 사이 여기저기에 노란 단풍의 아스펜 군락이 있는 높은 산이 어우러져 빼어난 경치를 자랑하고 있었다. 이곳 트윈 호수는 로키산맥에서 제일 높은 엘버트산Mt. Elbert(4,401m)을 오르는 등산객들이 많이 찾는 남쪽 등산로 입구이다. 정상까지 9.3km로 4시간 정도 걸린다고 하는데 고산지대라 산소가 적어 경사가 가파른 구간을 오를 때는 힘들다고 한다.

점심을 먹고 인디펜던스 고개 Independence Pass를 향해 올라갔다. 산 위로 올라갈수록 도로변 아스펜의 노란 단풍과 앞쪽 높은 산의 흰 눈이 함께 더욱 가까이 보여 아름다웠다.

지그재그 길을 한참을 올라 고개 정상에 도달하니 인디펜던

트윈 호수에서 인디펜던스 고개 오르는 길

스 고개표지물이 눈에 들어왔다. 표지물에는 이곳의 해발 고
도가 3,687m(ELEVATION 12,095 FEET)라는 글과 대륙분수령
CONTINENTAL DIVIDE라는 글이 쓰여있었다. 대륙분수령이란 물
이 이곳을 중심으로 동쪽으로 흘러가는 물은 대서양으로, 서쪽

으로 흘러가는 물은 태평양으로 들어가는 경계 지점을 말한다.

인디펜던스 고개표지물 동쪽으로 난 완만한 경사길을 걸어 올라가니 전망대가 나왔다. 오른편에서 앞쪽으로는 로키산맥의 연봉이 보이고 왼편으로는 조금 전에 올라온 지그재그 82번 도로가 보였다.

전망대 앞 표지판에는 라 플라타봉La Plata Peak(4,372m), 카스코봉Casco Peak(4,239m), 린커봉Linker Peak(4,201m), 오웨이봉Quray Peak(3,946m) 등 앞에 펼쳐진 로키산맥 연봉의 이름을 표시해놓아 대조하며 감상할 수 있었다.

콜로라도주 로키산맥의 인디펜던스 고개의 표지물

인디펜던스 고개 오르는 길 옆 전망대에서 바라본 풍경

인디펜던스 고개 전망대에서 본 로키산맥 연봉

　로키산맥의 최고봉 엘버트산(4,401m)은 리드빌 근처에서 잘 볼 수 있다는데 지나쳐왔고 이곳 전망대에서는 라플라타봉 북쪽에 있는데 다른 산들에 가려져 있어 보이지 않았다. 구름에 싸인 4,000m 이상 설산들은 산신령이나 선인仙人이 사는 신비스러운 별천지이고 협곡 아래 올라왔던 도로와 아스펜 단풍 지역은 인간 세상이란 생각이 들었다.

　전망대 주위를 돌며 로키산맥의 4,000m급 눈 쌓인 봉우리들과 올라온 급경사 길가 아스펜 단풍을 오랫동안 감상하였다.

　사진을 찍은 후 아스펜 쪽으로 내려갔는데 이차선二車線 도로

공사가 어려워 일방통행One Way으로 만들어 놓은 곳이 두 군데가 있어 녹색 신호가 들어올 때까지 기다리기도 하였다.

아스펜Aspen은 예전에 은 광산이 있던 작은 마을이었으나 지금은 부자들의 여름 피서지 별장으로, 겨울에는 4곳의 고급 스키 리조트가 있는 휴양 스포츠 마을로 변하였다. 또한 매년 6월에서 8월까지 세계적인 클래식 축제 "아스펜 음악 축제Aspen Music Festival"가 열려 많은 음악가와 클래식 애호가들이 찾는 명소이기도 하다. 그러나 이번 여행에서는 콜로라도를 대표하는 풍경 중 하나인 "마룬벨스Maroon Bells"를 보기 위해 아스펜으로 갔다. 마룬벨스는 4,300m급 피라미드형 두 개의 산봉우

인디펜던스 고개 서쪽에 있는 오두막집

리로 그 앞의 마룬 호수와 멋진 풍경을 이루고 있는데 그곳에 가려면 아스펜 하이랜드 스키 리조트Aspen Highlands Ski Resort에서 출발하는 셔틀버스를 타야 했다.

아스펜을 거쳐 하이랜드 스키 리조트를 찾아갔는데 주소를 알지 못하여 셔틀버스 탑승 장소나 사무실을 찾을 수 없었다. 리조트가 2개 넓은 단지로 나뉘어 있고 오가는 사람을 몇 명 만나 물어보았으나 이곳에 온 관광객들이라 알지 못한다고 하였다. 그대로 돌아 나와 글렌우드 스프링스 숙소에서 핸드폰 구글 검색창에 들어가 마룬벨스 예약을 시도하였다. 3일 후 9월 25일 11시에 빈자리가 있어 간신히 셔틀버스 예약을 하고 주소도 파악하였다.

숙소로 가는 길에 글렌우드 핫 스프링스 풀Glenwood Hot Springs Pool을 찾아갔다. 이 풀장은 이곳에 살았던 우트족 인디언Ute Indian들로부터 치료의 물로 불려 온 미네랄이 풍부한 온천수로 1888년 개장 당시 세계 최대의 온천풀장으로 유명했다고 한다. 지금도 기네스북에 수록되어있는 세계 최대 규모의 야외 온천 수영장으로 그 크기는 폭 30.5m, 길이 123.4m나 된다. 두 개의 온천 수영장이 있는데 51도의 뜨거운 온천수를 큰 수영장은 34도로 낮추어 유지하며 다이빙, 물놀이시설 등이 갖춰져 있고 작은 풀은 40도로 유지하고 있다고 한다.

글렌우드 스프링스의 글렌우드 핫스프링스 풀

작은 풀에 들어가 머리를 뒤로한 채 한참을 앉아있으니 피로
가 좀 풀리는 것 같았다. 주위에는 주로 나이 든 어른들이 많았
고 큰 수영장에는 어린이, 젊은이들이 몰려있었다. 큰 수영장으
로 옮겨가 강한 물대포를 머리, 등에 잠시 맞았는데 기분이 아
주 상쾌해졌다.

DAY 5

블랙 캐니언 오브 더 거니슨 국립공원

여행계획 상 마룬벨스_{Maroon Bells}를 가는 날이었으나 어제 마룬벨스 예약을 9월 25일(제7일째)로 하여 제7일째 가기로 계획하였던 블랙 캐니언 오브 더 거니슨_{Black Canyon of the Gunnison} 국립공원을 향해 출발하였다.

블랙 캐니언 오브 더 거니슨 국립공원은 절벽이 가파르고 좁아 햇빛이 계곡 아래까지 내려가지 못하여 협곡이 검은색으로 보이기 때문에 '블랙 캐니언'이란 이름이 붙여졌다고 한다. 이 계곡은 북아메리카에서 가장 좁은 계곡(가장 좁은 폭: 바닥 12m, 절벽 위 335m)으로 협곡의 벽면은 200만 년 전부터 거니슨강에 깎여 600m 이상 아래까지 내려갔다. 협곡 바닥의 일부 지점은

블랙 캐니언 오브 더 거니슨 국립공원 노스림

하루에 햇빛이 비치는 시간이 몇 분밖에 되지 않는다고 한다.

　이 국립공원은 몬트로즈Montrose에서 동쪽으로 24km 지점
에 위치란 사우스림South Rim 입구, 크로퍼드Crawford에서 남쪽

으로 18km 지점에 있는 노스림 North Rim 입구 등 두 군데를 통하여 들어갈 수 있는데 일반 관광객들은 주로 접근이 쉬운 사우스림을 택한다.

노스림으로 들어가기 위해 133번 도로를 따라 남쪽으로 내려갔는데 파오니아 저수지 Paonia Reservoir 근처에서 낙석 방지 공사를 하고 있어 30여 분을 정차하여 기다렸다.

숙소에서 출발한 지 3시간여 지난 11시 30분경 노스림에 도착하여 절벽 위 폭이 가장 좁은 캐즘 뷰 Chasm View 등 5곳의 전망대에서 경치를 감상하였다. 노스림 절벽 아래 수백만 년 동안 협곡을 깎으며 서쪽으로 줄기차게 흘러가고 있는 거니슨 강물을 내려다보며 자연의 위대하고 신비스러운 힘을 새삼스럽게 느꼈다.

출입문이 잠겨있는 노스림 관리사무소 앞 벤치에 앉아 가져온 빵, 토스트, 치즈, 사과 등으로 점심을 간단히 들고 그랜드 캐니언과 같이 협곡을 가로지르는 다리가 없어 북쪽 크로퍼드 Crawford, 호치키스 Hotchkiss, 델타 Delta 등을 우회하여 사우스림으로 갔다.

사우스림 방문자센터에서 블랙 캐니언 오브 더 거니슨 국립공원 지도를 받고 나서 이곳의 명소로 알려진 페인티드 월

블랙 캐니언 오브 더 거니슨 국립공원의 어두운 협곡

Painted Wall을 보러 갔다.

페인티드 월은 무늬가 그려져 있는 노스림 635m 절벽인데 암석 사이로 전혀 다른 성질의 암석이 들어가 줄무늬 형태를 띠고 있었다. 맨 왼쪽에 있는 용 두 마리가 하늘로 올라가는 모양의 용무늬는 자연이 만든 예술작품이었다.

국립공원 지도와 구글 검색 자료를 보니 이 국립공원은 하늘의 별을 구경하기 좋은 곳으로 2015년 국제 밤하늘 보호 공원 International Dark Sky Park으로 지정되어 일반도시에서는 100개 미만의 별을 볼 수 있지만 이곳에서는 최대 5,000개의 별을 관찰할 수 있다고 한다.

또한 노스림의 캐즘 뷰 자연 트레일, 사우스림의 워너 포인트 트레일 Warner Point Trail 등 협곡 아래로 내려갈 수 있는 여러 트레일이 있으나 일정을 고려하여 사우스림의 전망대 몇 곳을 더 들린 후 오후 5시경 숙소가 있는 220km 북쪽 글렌우드 스프링스로 올라갔다.

운전하는 중에 차 앞 계기판에 "Change Engine Oil Soon(가까운 시일 내 엔진 오일 교체)"이란 글자가 떠서 렌터카를 반환할 때까지 신경이 쓰이게 했다.

글렌우드 스프링스 입구 중식당(家園, China Town)에 오후 8시

블랙 캐니언 오브 더 거니슨 국립공원 페인티드 월의 용 무늬

경 도착하여 소고기, 완두콩 등이 들어간 새우볶음밥으로 저녁을 먹고 숙소로 갔다.

DAY 6

130년 전 물레방아 제분소 크리스탈 밀

    1982년 가을부터 6개월간 콜로라도대학교로 어학연수를 하러 갔을 때 콜로라도를 소개하는 책자에서 로키산맥 깊은 산속에 있는 고풍스럽고 아담한 물레방앗간 "크리스탈 밀 Crystal Mill"을 보고 깊은 인상을 받아 지금까지 그 모습을 기억하고 있었다. 오늘 그 물레방앗간을 찾아간다고 생각하니 아침부터 기분이 매우 상쾌했다.

    크리스탈 밀은 사방이 3,000m가 넘는 로키산맥 산들로 둘러싸인 마을 마블 Marble에서도 약 9km 동쪽 고도 2,728m에 있는 크리스탈 옛 마을 old town에 있다. 이 방앗간은 1892년 은광 광부들을 위하여 압축공기를 생성하는 수평 물레방아 목조 발전소로 지어져 운영되다가 1917년 양산 터널 광산이 폐쇄되며 사용이 중단되었다고 한다.

크리스탈 밀을 향해 숙소에서 8시경 출발하여 133번 도로를 따라 남쪽으로 내려가다가 맥클루어 고개McClure Pass에 오르기 전 왼쪽 계곡으로 들어가니 마블 마을이 나타났다.

길가 주민에게 물어 크리스탈 밀 관광 출발 장소로 가니 4명의 관광객이 먼저와 있었다. 사륜구동 큰 SUV 차량만 크리스탈 밀까지 갈 수 있다고 하여 차를 운전해 가는 것은 포기하고 왕복 3시간 걸리는 지프 관광Jeep Tour($500/대, 5인/대 탑승 가능)을 하기로 하였다. 10시에 동생과 오붓하게 지프 한 대에 타고 좁고 가파른 고개를 넘어 너덜 길을 지나 크리스탈강을 따라 목적지로 갔다.

관광 안내하며 운전하는 중년여성은 친절하게 마블 마을, 크리스탈 밀 등을 소개하면서 사진을 찍을만한 경치 좋은 포토존photo zone에서는 차를 세워주었다.

호수, 강, 폭포, 아스펜 단풍 계곡 등 아름다운 경치에 빠져 있다 보니 목적지에 도착하였다. 관광 안내인은 한때 500여 명이 살았었으나 지금은 건물 몇 채만 남아 있는 크리스탈 옛 마을old town에서 10분, 크리스탈 밀 부근에서 40분의 여유시간을 각각 주며 경치를 감상하라고 하였다.

콜로라도주 마블의 크리스탈 밀 위쪽 옛 마을 오두막집

    비포장 길옆 옛 마을 건물들은 주위에 잡초가 우거져 있어 130여 년 전 은을 채굴하던 전성기 때의 모습은 사라지고 고요하고 을씨년스러웠다. 일확천금해 보려고 로키산맥 깊은 산속으로 들어온 사람들이 25년 만에 꿈을 접고 떠난 건물들을 바라보니 인간의 세속적 욕망의 파편들이 널려있는 것 같다는 생각이 들었다.

    크리스탈 밀은 분쇄기가 설치되어 있던 오른편의 건물 일부가 철거되었으나 주위의 아스펜 노란 단풍과 어우러져 기대했던 물레방앗간의 이미지보다도 더욱 아름다웠다. 우리나라의 물레방앗간은 동네에서 가까운 계곡에 있었고 곡식을 빻았던 장소였으나 크리스탈 밀은 산속에서 은광석을 부쉈던 공장의 한 부분이었는데도 아담하여 친근감이 들었다.

크리스탈 밀을 떠나며 나도향 소설가가 1925년에 쓴 단편소설 "물레방아"에 나오는 유명한 한 문장이 생각났다.

"돈! 돈이 무엇이냐? 돈이 사람을 죽이는구나!

돈! 사람 나고 돈 났지 돈 나고 사람 났나?"

3시간의 크리스탈 밀 관광을 마치고 오후 1시경 지프 투어 출발장으로 돌아왔다. 여행안내인에게 주는 팁tip을 지프 투어

콜로라도주 마블의 크리스탈 밀 원경

관광비의 15%($75) 정도를 생각하다가 두둑하게 25%($125)를 주었더니 뜻밖이란 듯 놀란 표정으로 고맙다고 인사하였다. 친절하고 자상한 안내에 대한 당연한 수고비라 하니 안내인은 웃으며 한 번 더 인사하였다.

지프 투어 출발장 옆 작고 수수하면서도 아름다운 교회 정원 의자에 앉아 가져간 토스트, 머핀, 치즈, 견과류 등으로 점심을 간단히 들었는데 1908년에 지어진 이 교회는 마블 커뮤니티 교회로 미국 국립 사적지로 지정되어 있다고 한다.

마블을 나오며 왼쪽 도로 끝자락에 커다란 대리석 원석 블록이 쌓여 있기에 가서 보았다. "Marble(마블)"은 "대리석"을 뜻하는데 나중에 자료를 검색해 보

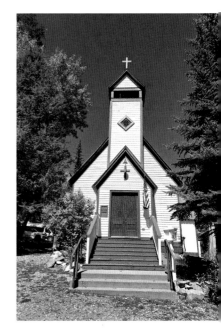

마블의 커뮤니티 교회(옛 세인트 폴 교회)

니 이 마을이 세계에서 질 좋은 대리석을 생산하는 산지 중 한 곳이라서 마을에 이 이름이 붙여졌다는 것이었다. 이곳에서 생산된 대리석은 콜로라도주 의회 의사당, 샌프란시스코 시청, 워

2024년 미국 대통령선거 공화당 후보 트럼프를 지지하는 플래카드를 걸어놓은 집

싱턴 D.C.의 링컨 기념관 일부, 무명용사의 무덤 등에 사용되었다고 한다.

채석장에서 가져다 놓은 대리석 블록을 둘러보고 나오는데 한 주택 앞에 연말 미국 대통령 선거에 나선 공화당 트럼프 후보를 지지한다는 플래카드를 걸어놓은 것이 눈에 들어왔다.

우리나라에서는 선거에 출마한 입후보자나 소속 정당이 아닌 시민이 자기가 지지하는 후보 플래카드를 집에 걸지 않기에 신기했다.

아직 오후 시간 여유가 있어 비포장도로 구간이지만 콜로라도주에서 최대의 아스펜 나무숲이 있다는 케블러 고개Kebler Pass(3,018m)로부터 크레스티드 뷰트Crested Butte 마을까지 다녀오기로 하였다. 133번 도로로 나와 맥클루어 고개McClure Pass (2,669m)를 넘어가서 왼쪽 12번 길로 올라가니 바위산 봉우리가 나타났다.

산봉우리 아래 아스펜 잎은 아직 단풍이 들지 않았으나 아래로 내려가며 도로 양쪽에 늘어선 아스펜은 단풍이 물들기 시작하였는데 단풍이 절정이면 정말 멋질 것이란 생각이 들었다.

케블러 고개와 크레스티드 뷰트 간 도로변 설산과 아스펜 단풍 풍경

아스펜 단풍이 물들어가는 케블러 고개에서
크레스티드 뷰트 가는 길

조금 더 가니 아스펜 나무 노란 단풍잎이 빼곡히 단풍 성벽을 쌓아 놓고 있는 곳도 있었다.

오른쪽 차창 밖으로 파란 하늘, 흰 설산, 녹색 침엽수림, 노란 아스펜 단풍 등의 멋진 풍경이 한참을 스쳐 지나가고 난 후 크레스티드 뷰트 마을에 도착하였다.

이 마을도 1860년대 은, 석탄 등이 생산되었던 옛 광산 마을로 지금은 겨울철 스키, 가을 단풍, 봄여름 야생화 등으로 유명하지만 로키산맥 한가운데 위치하여 교통이 불편하기에 잘 알려지지 않은 편이라고 한다. 예스러운 분위기의 카페에서 커피

케블러 고개와 크레스티드 뷰트 사이 아스펜 단풍나무숲

한잔을 들며 잠시 쉬다가 다시 케블러 고개로 올라갔다.

오후 4시 30분경 출발하여 2시간 30여 분 후에 글렌우드 스프링스에 도착하였다. 일식당에서 저녁으로 파프리카, 피망, 버섯, 마늘 등이 들어간 볶음우동을 먹었는데 맛있었다. 숙소에 돌아와 샤워하고 나니 피곤하여 잠자리에 들자마자 곧장 잠이 들었다.

DAY 7

콜로라도를 대표하는
풍경 마룬벨스

오늘은 미국에서 가장 아름다운 풍경의 하나로 꼽혀서 많은 관광객과 사진가들이 찾는다는 마룬벨스Maroon Bells를 가는 날이었다.

마룬벨스는 아스펜에서 남서쪽으로 약 19km 지점에 있는 두 산봉우리 마룬봉Maroon Peak(4,317m)과 노스 마룬봉North Maroon Peak(4,273m)을 말한다. 약 500m 간격을 두고 피라미드 형태로 우뚝 솟아있는 적갈색 퇴적암 두 산봉우리는 앞쪽 아래에 있는 마룬 호수Maroon Lake와 어우러져 멋진 경관을 연출하고 있다.

오늘은 몬트로즈Montrose에 가서 숙박하는 날이라 짐을 챙겨 차에 싣고 8시 30분에 숙소를 출발하여 아스펜 하이랜드 스키 리조트Aspen Highland Ski Resort로 향하였다.

그곳에 9시 40분경 도착하여 마룬벨스로 가는 셔틀버스 매표소에 가니 예약한 시간보다 1시간 빠른 10시에 출발하는 셔틀버스의 빈자리가 남아 있어 표를 끊어 차에 올랐다. 하이랜드 스키 리조트에서 마룬벨스로 가는 셔틀버스는 관광객이 많이 오는 6월 중순부터 10월 초까지 8시부터 오후 5시까지 20분 간격으로 운행한다. 그러나 오전 8시 이전과 오후 5시 이후에는 개인차로 입장료를 내고 마룬벨스 주차장까지 갈 수 있고 내려오는 시간은 자유라고 한다.

20여 분 버스를 타고 올라가서 조금 걸으니 마룬벨스와 마룬 호수가 눈에 들어왔다.

마룬벨스 아래에는 아스펜 단풍이 물들어 황금빛으로 빛나고 있었고 마룬벨스와 노란 단풍 숲은 잔잔한 호수 위까지 내려와 앉아 멋진 자태를 뽐내고 있었다. 마룬벨스와 호수의 경치만으로도 아름다운데 노란 아스펜 단풍이 더해지니 금상첨화였다.

9월 하순이라 호숫물이 많이 줄어든 마룬 호수 주위의 경치를 감상하고 있는데 작은 나무 그늘에서 쉬고 있는 두 여성이

마룬벨스와 아스펜 단풍, 침엽수림이 비친 마룬 호수

한국어로 말하는 것을 보고 몇 마디 대화를 나누었다. 로스앤젤레스에서 정육 회사에 다닌다는 최 모(46세) 씨 여성은 휴가를 내어 어머니 임 모(69세) 씨를 모시고 여행을 다니고 있다고 하였다. 아침 일찍 이곳 주차장까지 차를 몰고 와서 벌써 마룬 호수 위쪽 3km에 있는 크레이터 호수Crater Lake까지 다녀왔다고 하였다. 그녀는 아스펜 단풍길이 환상적이었다고 필자에게 그곳까지 다녀올 것을 강력히 추천하였다.

오늘 일정에 크레이터 호수까지 다녀올 계획은 없었으나 최

마룬 호수에서 크레이터 호수 가는 아스펜 단풍길

크레이터 호수 가는 도중 마룬벨스 경치에 감탄하고 있는 김춘우 사장

모 씨의 말을 듣고 이번 기회가 아니면 환상적이라는 경치를
볼 수 없을 것 같아 그 호수에 다녀오기로 하였다.

크레이터 호수로 올라가는 길 양쪽은 하늘로 치솟은 아스펜
나무 흰색 몸통과 노란 단풍잎으로 가득하여 정말 황금 궁전에
들어와 있는 것 같았다. 아스펜 숲속을 지나자 마룬벨스와 아
스펜 단풍, 침엽수림이 함께하는 멋진 풍경이 이어졌다.

조그마한 크레이터 호수에 도착하여 호수 위 아스펜 단풍 숲
까지 뻗어 내린 마룬벨스 바위산을 바라보니 더욱 웅장하고 화

크레이터 호수와 마룬벨스

려하였다.

한여름 녹색 아스펜 나뭇잎이 이 가을에 황금빛으로 물결치는 것을 바라보며 인간도 역동적 청년기를 거쳐 노년의 안정과 원숙함으로 바뀌는 자연 순환의 일부라는 생각이 들었다.

크레이터 호수에서 내려와 아스펜 하이랜드 스키 리조트의 셔틀버스 출발지로 돌아오니 오후 3시가 조금 넘은 시간이었다. 계획에 없던 크레이터 호수 왕복 하이킹으로 그때까지 물만 먹어 배가 고팠다. 그러나 렌터카 안에는 에너지바 4개뿐이라 김춘우 사장과 두 개씩 나누어 들어 일단 허기를 달래고 식사는 글렌우드 스프링스에 가서 하기로 하였다.

그저께 저녁을 먹었던 중식당(家園, China Town)에서 해산물, 야채 등이 들어간 누룽지탕으로 오후 4시 30분경 점심 겸 저녁을 들고 숙소가 있는 몬트로즈Montrose로 출발하였다.

몬트로즈로 가며 몇 시간 전 보았던 아스펜 단풍 경치가 머릿속에 떠올랐다. 아스펜 노란 단풍 숲도 파란 하늘, 눈 덮인 산봉우리, 검푸른 침엽수림, 맑은 호수 등과 함께 어우러져야 단풍 명소가 될 수 있다고 생각하였다. 마룬벨스는 위 요소들을 모두 갖추어 미국 최고의 단풍 명소 중 한 곳으로 손색이 없었다.

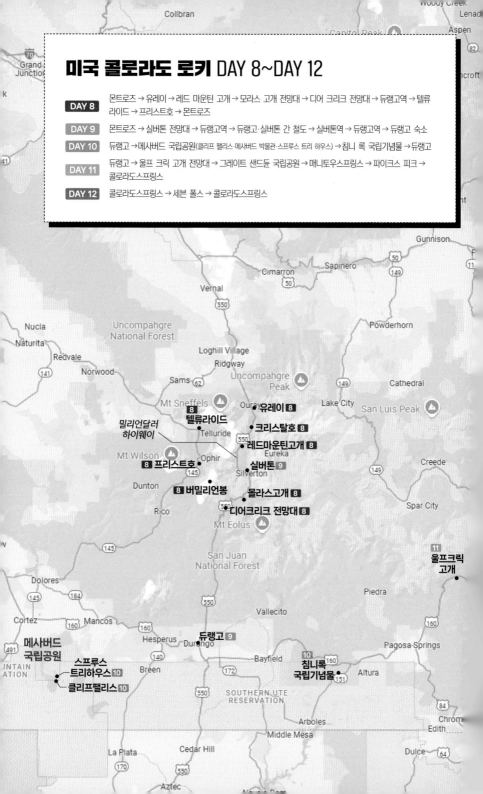

미국 콜로라도 로키 DAY 8~DAY 12

DAY 8 몬트로즈 → 유레이 → 레드 마운틴 고개 → 모라스 고개 전망대 → 디어 크리크 전망대 → 듀랭고역 → 텔류라이드 → 프리스트호 → 몬트로즈

DAY 9 몬트로즈 → 실버톤 전망대 → 듀랭고역 → 듀랭고·실버톤 간 철도 → 실버톤역 → 듀랭고역 → 듀랭고 숙소

DAY 10 듀랭고 → 메사버드 국립공원(클리프 팰리스·메사버드 박물관·스프루스 트리 하우스) → 침니 록 국립기념물 → 듀랭고

DAY 11 듀랭고 → 울프 크릭 고개 전망대 → 그레이트 샌드듄 국립공원 → 매니토우스프링스 → 파이크스 피크 → 콜로라도스프링스

DAY 12 콜로라도스프링스 → 세븐 폴스 → 콜로라도스프링스

DAY 8

아스펜 단풍의 절정,
산후안 스카이웨이 경관도로

콜로라도 로키로 여행 오기 전 표를 예매하지 못한 듀랭고 Durango와 실버톤Silverton 간 협궤증기기관차의 표를 사기 위해 듀랭고까지 다녀와야 하는 날이었다. 숙소인 이곳 몬트로즈에서 유레이, 실버톤 등을 거쳐 듀랭고까지는 왕복 346km이다.

돌아올 때 이 도시들의 서쪽에 있는 텔류라이드Telluride를 경유하기로 하였다. 위 도시들을 연결하는 도로를 산후안 스카이웨이 경관도로San Juan Skyway Scenic Byway라고 하며 경치 좋고 역사적인 도로로 널리 알려져 있다.

숙소Days Inn 식당에서 판 케이크, 토스트, 귤, 우유 등으로 아침을 들고 8시경 출발하였다. 한참을 달려 산속으로 올라가니 건물 대부분이 19세기 후반에 지어져 국가 역사 지구로 등록되어있는 유레이 Ouray 마을이 나타나 차를 잠시 세웠다. 높은 산들에 둘러싸여 있어 "미국의 알프스 Switzerland of America"란 별명을 얻은 이 마을은 옛 금은 광산으로 마을이 세워졌으나 지금은 산악스포츠, 온천 등으로 유명하다고 한다.

이 마을의 오래된 오페라 하우스, 호텔, 상점 등이 이어진 거리를 구경하고 남쪽 레드 마운틴 고개 Red Mountain Pass (3,358m)를 향해 올라갔다.

유레이에서 레드 마운틴 고개를 넘어 실버톤까지 550번 도로 37km 구간은 "백만 달러 고속도로 Million Dollar Highway"라고 불린다. 도로 건설 비용이 1마일당 100만 달러가 들어 그런 별명을 얻었다는 설과 도로 건설 당시 값비싼 광석이 노반에 깔려 그 원석 가치가 백만 달러에 달할 것이라 그런 별명을 얻었다는 설이 있다고 한다.

이 도로는 협곡을 따라 높은 고도로 아슬아슬하게 이어지고 급커브와 난간 없는 절벽 구간이라 운전할 때 머리털이 곤두서고 오금이 저렸다. 속도를 낮추고 조심스럽게 운전하여 레드 마운틴 고개에 올라갔다.

고개에 올라서니 오른쪽 산, 특히 아래쪽은 아스펜 군락지로 샛노란 단풍이 넓게 물들어 있었고 도로 옆 크리스탈 호수

콜로라도주 옛 광산촌 유레이 시가지 전경

레드 마운틴 고개 크리스탈 호수에 비친 아스펜 단풍

Crystal Lake도 단풍과 뒷산을 수면에 담아 빛나고 있었다.

사진을 찍고 실버톤으로 내려가는 길 양쪽도 노란 단풍이 온 산을 덮고 있어 지금까지 본 아스펜 단풍 중 가장 규모가 크고 아름다웠다.

실버톤과 듀랭고로 갈라지는 삼거리에서 우회전하여 듀랭고로 가는 모라스 고개 Molas Pass(3,325m) 전망대에서 실버톤 마을을 내려다보았다. 듀랭고와 실버톤 간 협궤증기기관차의 종착

역으로 오늘 듀랭고역에 가서 표를 살 수 있으면 기차를 타고
가서 내일 볼 수 있어 들리지 않고 통과하였다.

조금 전 백만 달러 고속도로를 넘어오며 본 유레이 마을은
좁은 협곡 사이에 있어 아늑한 느낌을 주었으나 실버톤 마을은
높은 산에 둘러싸여 있으면서도 주위 산들이 완만한 경사라서
탁 트인 곳에 조그만 집들이 옹기종기 모여있어 쓸쓸해 보였

실버톤 전망대에서 내려다본 마을 전경

모라스 고개 디어 크리크 전망대의 아스펜 단풍 풍경

다. 그래도 마을 뒷산과 왼쪽 산 중턱이 아스펜 노란 단풍으로 감싸고 있어 고요하고 평화로웠다.

모라스 고개를 넘어 듀랭고 쪽으로 가는 계곡 양쪽은 아스펜 단풍으로 가득하여 주위가 온통 노란색 물결이었다. 고개 아래 중간쯤 디어 크리크 전망대Deer Creek Overlook에서 차를 세우고 내려 한참을 계곡의 아름다운 아스펜 단풍 경치에 푹 빠져 있었다.

11시 40분경 듀랭고역 매표소에 도착하여 내일 실버톤을 다녀오는 증기기관차 표가 남아 있는지 물었더니 다행스럽게도 표가 여유가 있다고 하였다. 차표(167천 원/인)를 사고 나니 아침에 3시간 30여 분을 달려온 보람이 있어 기뻤다.

듀랭고역을 나와 근처에 있는 태국음식점 Sizzling Siam에서 점심을 먹었다. 메뉴판에 음식 종류별 사진과 가격이 적혀있어 카오 패드 Kao Pad란 메뉴를 주문하였는데 닭고기 채소 볶음밥으로 우리 입맛에 맞았다.

점심을 맛있게 든 후 산후안 스카이웨이 경관도로 San Juan Skyway Scenic Byway 중 텔류라이드를 거쳐 숙소가 있는 몬트로즈로 가기 위해 145번 도로로 향하였다.

산후안 스카이웨이 경관도로 중 백만 달러 고속도로 Million Dollar Highway가 있는 550번 도로는 관광객들이 많이 찾아가나 그 서쪽에 있는 145번 도로는 덜 알려져 있고 접근성이 떨어져 대부분 거쳐 가지 않고 있다.

텔류라이드 Telluride 마을 이름은 우리나라 기아자동차에서 2019년부터 출시한 사륜구동 기반 준대형 SUV 차량의 이름으로 잘 알려져 있다. 이 마을은 1870년대 형성된 광산촌으로 이곳 톰보이 광산은 한때 세계 최고의 금 생산지 중 한 곳이었으나 지금은 스키를 비롯한 산악스포츠, 여름철 각종 축제(영화제,

음악제 등)를 즐기기 위해 연중 많은 사람이 찾는다고 한다.

145번 도로를 달리던 중 길가의 아스펜 나뭇잎이 주황색으로 물들어 있는 것을 보았다. 노란 단풍잎의 변종인지 별도의 수종인지는 모르겠으나 지금까지 보아온 단풍색과 다르고 예뻐 차에서 내려 사진을 찍었다.

145번 도로에서 가장 높은 리저드 헤드 고개 Lizard Head Pass (3,116m)를 넘어 조금 가니 경치가 아름다운 프리스트 호수 Priest Lake가 보여 도로변에 차를 세웠다.

맨 아래 호수 옆은 노란 단풍의 아스펜 숲, 그 뒤쪽으로 진한 녹색의 침엽수림, 붉은 주황색 산봉우리, 하얀 구름이 뜬 파란 하늘 등이 차례로 자리하여 멋진 풍경화를 그려놓고 있었다.

텔류라이드 시내로 들어가 직진하여 마을을 지나니 왼쪽 산기슭에 공동묘지가 보였다. 150여 년 전부터 콜로라도주에서도 제일 산간벽지인 이 마을에 빈곤 탈출, 부의 축적과 한 단계 신분 상승, 일확천금 등을 꿈꾸며 들어왔던 사람들이 영원한 휴식을 취하고 있는 장소를 바라보니 인생이 무상함을 느꼈다.

시내로 들어가 텔류라이드에서 서쪽 산 너머 대규모 스키 리조트인 마운틴 빌리지 Mountain Village까지 무료로 운행하는 곤

듀랭고에서 텔류라이드 가는 145번 도로변 아스펜 주황색 단풍

돌라를 탔다. 곤돌라를 타고 산 능선을 넘어 마운틴 빌리지까지 갔으나 내일 새벽에 듀랭고로 가는 일정을 고려하여 스키리조트는 구경하지 않고 바로 텔류라이드로 돌아왔다. 곤돌라를 타고 주위 산, 마을 등의 경치를 구경하며 모처럼 쉬는 시간을 가졌다.

프리스트 호수와 버밀리언봉

곤돌라에서 내려다본 텔류라이드 마을

텔류라이드 시내 중심가의 법원, 오페라 하우스, 극장 등 19세기 후반 옛 건물들이 있는 거리를 구경하고 몬트로즈로 향하였다. 숙소에 가기 전 맥도널드 식당에서 햄버거, 프렌치프라이, 콜라 등으로 저녁을 간단히 들었다.

오늘은 콜로라도주 남서쪽 로키산맥의 산후안 스카이웨이 경관도로San Juan Skyway Scenic Byway에서 3,000m 이상 고개(레드 마운틴, 모라스, 리저드 헤드) 3개를 넘으며 아스펜 샛노란 단풍 세계에 푹 빠져 하루를 보낸 오래 기억될 날이었다.

텔류라이드 중심지(옛 광산촌 거리)

　또한 예약하지 못했던 듀랭고-실버톤 간 협궤증기기관차 차표를 산 행운의 날이기도 하였다.

DAY 9

듀랭고와 실버톤 간
협궤증기기관차

몬트로즈에서 170여km 떨어진 듀랭고역 근처에 가서 아침 식사를 하고 9시 45분에 실버톤으로 출발하는 기차를 타야 되어 새벽 5시 10분경 숙소를 출발하였다. 하늘에는 초승달과 별 몇 개가 보이고 주위는 캄캄하였다.

숙소에서 550번 도로로 나와 리지웨이Ridgway를 거쳐 유레이Ouray까지는 앞에 큰 화물차가 가기에 따라가기만 하면 되었기에 운전이 쉬웠다. 그러나 유레이에서 화물차가 다른 길로 빠져나가자 홀로 어둠을 헤치며 길을 찾아가야 했다.

어제 대낮에도 넘었던 유레이에서 실버톤까지 37km 거리는 급커브와 난간 없는 절벽 구간이라서 운전하며 오금이 저렸었는데 캄캄한 밤중에 이 고개를 넘어야 되어 신경이 곤두섰다.

유레이(고도 2,375m)에서 레드 마운틴 고개(고도 3,358m)까지 구간은 983m 높이를 올라가고 그곳에서 실버톤(고도 2,835m)까지는 523m 높이를 내려가야 했다.

전조등 불빛 아래 도로 가운데 흰색 분리선을 기준 삼아 시속 30km 정도로, 급커브 구간은 시속 10여km 정도로 천천히 나아갔는데 잔뜩 긴장하여 핸들을 잡은 손에는 땀이 났다.

고개를 넘어 실버톤과 듀랭고로 갈라지는 삼거리에 갔을 때쯤 어둠이 가시며 주위 경치가 보이기 시작했다. 모라스 고개로 가는 실버톤 전망대에서 내려다본 이른 아침 실버톤 마을은

이른 아침 전망대에서 내려다본 실버톤 마을

어제도 보았지만 고즈넉한 분위기에 싸여있었다.

듀랭고역 주차장에 도착하니 8시 10분경으로 몬트로즈에서 이곳에 오는 데 3시간이나 걸렸다. 기차역 왼쪽에 있는 식당 Durango Bagel에서 계란프라이, 햄, 치즈, 베이컨 등이 들어간 베이글 샌드위치와 커피로 아침을 들었다. 기차를 타려는 관광객이 많이 들어와 있어 주문한 음식이 나오는데 40여 분이나 기다렸다. 9시 45분에 기적을 울리며 출발하였는데 왕복 7시간, 실버톤에서 2시간 자유시간을 갖고 오후 6시 45분에 듀랭고역으로 돌아왔다.

듀랭고와 실버톤 간 협궤철도 Durango-Silverton Narrow Gauge Railroad는 1882년에 실버톤과 듀랭고 사이 72km 구간에 금광석, 은광석 등을 나르기 위해 만들어졌으나 지금은 협궤증기기관차를 타보고 아름다운 산악 경치를 구경하려는 관광객들을 나르고 있다.

필자는 작년 5월 1일부터 34일간 미국 남부여행을 하며 5월 9일에 이 기차를 탔었다. 당시엔 산후안산맥 주위의 4,000m급 산봉우리들은 눈에 덮여있었고 철로 변에도 잔설이 남아있었으나 지금은 눈은 보이지 않고 단풍이 물들기 시작하고 있었다.

아스펜 단풍이 물든 아니마스 강변을 달리는 듀랭고-실버톤 간 증기기관차

기차가 듀랭고 시내를 벗어나 침엽수림이 우거진 산속으로 서서히 올라갔다. 조금 달리니 오른쪽으로 가파른 절벽 아래 아니마스강Animas River 급류가 흐르고 왼쪽 바위산을 깎아 벼랑 위에 깐 철길을 증기기관차가 돌아갈 때는 정말로 멋진 풍경이었다.

필자는 "협궤증기기관차"에 대한 남다른 추억이 있다.

우리나라에서 협궤열차는 수원에서 여주까지의 철도 수여선 水驪線(73.4km, 1972년 폐선)과 수원에서 인천까지의 수인선水仁線 (52.0km, 1995년 운행 중단, 2020년 표준궤로 개통)에서만 다녔었다.

벼랑 위를 달리는 듀랭고-실버톤 간 증기기관차

이 두 노선의 철도는 선로 폭이 좁은 협궤(762mm)로 일반철도(표준궤: 1,435mm)의 53%밖에 되지 않았고 속력도 시속 10km에서 최고 70km까지 달릴 수 있는 느림보 꼬마열차였다.

필자의 아버님이 여주역에 근무하셨고 어린 시절 살던 집이 여주역 근처에 있어 칙칙폭폭 연기와 수증기를 내뿜으며 기적소리를 울리던 증기기관차를 자주 보았었다.

또한 초등학교 다닐 때 방학하면 나무 의자와 석탄 난로가 놓여 있는 이 협궤열차를 타고 할머니 집에 갔었고 고등학교를 인천에 있는 제물포고등학교에 진학하여 여주 집에 다녀올 때는 수인선과 수여선 열차를 갈아타며 다녔던 것 등은 기억에 오래 남아 있다.

실버톤역 객차와 증기기관차 앞에 선 김춘우 사장

아스펜 노란 단풍 사이를 달리는 듀랭고-실버톤 간 증기기관차

기차가 벼랑 위 철길을 지난 후에는 아니마스강을 끼고 실버톤까지 계속 올라갔는데 철길 양쪽에 물들기 시작한 아스펜 노란 단풍이 침엽수림 사이에서 고운 자태를 뽐내고 있었다. 객차 출입구 안쪽에 서서 수시로 바뀌는 경치를 감상하느라 시간 가는 줄을 몰랐다.

실버톤 역에 오후 1시 15분에 도착하였는데 이 마을은 스톰 봉우리 Storm Peak 를 비롯한 13개의 가파른 산으로 둘러싸인

분지에 자리하고 있으며 고도가 2,835m로 우리나라 백두산 (2,744m)보다 높다.

실버톤은 금, 은을 캐는 광산 도시로 유명해져 1910년에는 2,153명이나 살았는데 폐광된 후 인구가 줄어 지금은 대부분 관광업과 관련된 직종에 종사하는 622명(2020년 기준)이 사는 작은 산골 마을이 되었다고 한다.

기차역 근처에 있는 "나탈리아 1912 식당 Natalia's 1912 Restaurant"에서 점심으로 피시 앤드 칩스 Fish & Chips를 들었다.

이 메뉴는 생선튀김과 길게 썬 감자튀김이 함께 나오는 요리로 30여 년 전 위스콘신대학교 유학 시 기숙사 식당에서 많이 먹었던 기억이 떠올라 음식이 반갑고 더 맛있다고 느껴졌다.

점심을 먹고 나서 식당 뒤쪽에 있는 시내 중심지 도로로 갔다. 널찍한 도로 양쪽으로 19세기와 20세기 초에 지어진 붉은 벽돌 건물들이 많았는데 서부영화에 나오는 카우보이 마을에 온 것 같은 느낌이 들었다. 몇몇 기념품점, 화랑 등을 둘러보고 오후 3시 15분에 듀랭고로 돌아가는 열차에 올랐다.

객차 안에는 나이 든 노부부들이 많았는데 아마 예전 어릴 적 증기기관차를 타본 아름다운 추억을 회상하며 단풍 여행을 와서 경치를 감상하고 있는 것 같았다. 옆에 있는 다정한 젊은 커플은 창밖 경치에 눈을 돌릴 겨를도 없이 서로 쳐다보고 재

증기기관차에 급수 중인 듀랭고-실버톤 협궤열차

미있게 이야기를 나누며 웃고 있었다.

듀랭고역에 도착하여 어제 점심을 먹었던 식당에서 저녁으로 쌀국수를 들고 숙소로 향하였다.

DAY 10

메사버드 국립공원과
침니 록

인디언들의 대형 절벽 주거 유적지인 메사버드 국립공원 Mesa Verde National Park과 푸에블로인디언 유적지인 침니 록 Chimney Rock을 찾아가는 날이었다. 메사버드 국립공원은 작년 5월 미국 남부여행을 하며 방문하였었으나 콜로라도 로키의 주요 문화유적 국립 공원이기에 이번 여행에서도 들리기로 하였다.

숙소Baymont by Wyndham Durango 식당에서 소시지, 계란 스크램블, 판 케이크, 감자튀김, 사과, 우유 등 푸짐한 음식으로 아침을 들었다. 듀랭고가 콜로라도주 남서부 중심 도시라 중저가 숙소인데도 서비스 수준이 높은 것 같았다.

아침 식사 후 메사버드 국립공원으로 가기 전에 우선 카센터 _{Car Center}를 들려야 했다. 5일 전 블랙 캐니언 오브 더 거니슨 국립 공원을 다녀올 때 운전 중 차 앞 계기판에 "Change Engine Oil Soon(곧 엔진 오일 교체)"란 글자가 떴었다. 그런데 3일 전부터는 계기판에 "Engine Oil Change Required(엔진 오일 교체 요구됨)"란 글자가 떠서 안전 운전을 위해 점검해봐야 했다.

구글에서 '듀랭고 카센터'를 검색하여 오일 교체 서비스를 전문으로 하는 정비소 Grease Monkey를 찾아갔다. 정비원이 자동차 보닛을 열고 엔진 오일 상태를 살펴보더니 지금 교체하지 않고도 당분간 운행하는데 문제없다며 차를 반납할 덴버 Denver까지 안전하게 갈 수 있다고 하였다. 점검비가 얼마냐고 물었더니 "무료 NO Charge"라 하여 고맙다는 인사를 하고 나왔다.

메사버드 국립공원은 고도 약 2,600m의 평평한 고원에 있는데 '메사버드'는 스페인어로 '초록색의 대지臺地'란 뜻으로 스페인어 발음에 따라 "메사 베르데"라고도 부른다. 이 고원 절벽 아래 움푹 들어간 여러 곳에 예전 푸에블로인디언의 선조로 알려진 아나사지 인디언들이 600년경부터 13세기 말까지 살았던 주거유적지가 있다. 1906년 미국의 국립 공원으로 지정되었고 1978년 유네스코가 세계문화유산으로 최초 지정한 8곳(독일 아헨대성당, 폴란드 크라쿠프 구시가지, 폴란드 비엘리치카와 보흐니아 소금 광산, 에콰도르 키토 역사 지구 등) 중 한 곳이기도 하다.

메사버드 국립공원 내 클리프 팰리스

9시경 정비소를 출발하여 1시간여 달려 도착한 방문자센터에서 국립공원 지도를 받고 나서 바로 메사버드 국립공원의 대표 유적지인 클리프 팰리스Cliff Palace(절벽 궁전)로 갔다. 이곳은 바위 절벽 아래 4층 구조로 150개의 방과 23개의 키바Kiba(종교의식 장소)가 있고 250여 명이 살았던 "인디언 유적의 꽃"이라 불리는 유적지이다.

클리프 팰리스 전망대에서 내려다보니 2개 팀이 단체로 클리프 팰리스 건축물 주위에서 유적지를 둘러보고 있었다. 2개 팀과 같이 절벽 아래로 내려가 가까이서 둘러보려면 사전에 예약하고 산림감시인(레인저)의 안내로 이동해야 되어 전망대에서 바라보는 것만으로 만족해야 했다.

클리프 팰리스는 웅장하고 아름다웠으나 이곳에 살던 인디언들은 700여 년 전 연속되는 가뭄으로 애리조나주 나 뉴멕시코주 쪽으로 떠났다고 한다. 오르내리기가 힘이 들더라도 절벽 아래 집을 지은 이유는 외적 방어에 유리했기 때문이라고 하는데 외적 방어보다도 더 우선하는 것이 물이란 것을 알려주는 대표적인 유적이었다.

클리프 팰리스를 보고 나가며 길가 왼쪽에 있는 메사버드 박물관Mesa Verde Museum과 스프루스 트리 하우스Spruce Tree House에 들렸다. 작은 박물관엔 이곳에 살았던 인디언의 도자

메사버드 국립공원 내 스프루스 트리 하우스

기, 수공예 장신구 등 유물과 사냥, 농사, 집 건축 등 그들의 생
활방식을 재현해 놓고 있어 둘러보고 나왔다. 오늘이 토요일이
라 어린이와 학생들을 데리고 온 어른들이 많았다.

박물관 뒤쪽 계곡 아래로 조금 내려가니 몇백 미터 건너편에
클리프 팰리스보다 규모가 작은 스프루스 트리 하우스가 보였
다. 관광객들이 가장 많이 방문하는 곳으로 키바(종교의식 장소)
등 일부 지하 건물을 복원해 놓아 건물 내로 들어가 볼 수 있다
고 하였다. 그러나 계곡 밑을 거쳐 올라갔다 돌아오는 것은 오

후 일정을 고려하면 힘들어 발길을 돌렸다.

메사버드 국립공원을 나와 듀랭고를 지나 파고사 스프링스 가기 전 남쪽에 있는 침니 록 국립기념물Chimney Rock National Monument로 향하였다.

160번 도로를 따라가는 도중에 베이필드Bayfield 마을 상점 가에 있는 피자점AJ's Pizza에서 점심을 먹었다. 팁과 다이어트 콜라를 포함하여 2만여 원($14.16)짜리 피자를 주문하였는데 크 고 토핑toppings도 올리브, 양파, 피망, 치즈, 페페로니, 소고기, 버섯, 파인애플 등으로 많아 배부르고 맛있었다. 여행에서 돌아 와 얼마 지나서 만난 동생 김춘우 사장도 그때 베이필드 피자 집에서 먹은 피자가 아주 맛있었기에 가끔 생각난다고 하였다. 점심을 배불리 먹어 저녁은 간단히 들려고 피자집 옆 식료품점 에서 농심 사발면, 바나나, 견과류 등을 산 후 차에 올랐다.

침니 록 국립기념물은 산 정상에 있는 96m 높이의 굴뚝 바 위Chimney Rock 아래 약 1000년 전 200여 개의 방과 큰 키바 Kiba가 있던 프에블로 인디언들의 주거유적지이다. 이곳은 20 여 개의 인디언 부족이 모여 영적인 의식과 행사를 개최하였던 신성한 장소로 커다란 집 유적들은 주요 행사 기간에 방문 인 사들의 숙소로 사용되었을 것이라고 한다.

남쪽에서 본 침니 록 국립기념물 굴뚝 바위(오른쪽)와 동반 바위(굴뚝 바위 왼쪽)

　차를 몰아 침니 록 방문자센터에 도착하니 자원봉사자들이 유적지로 올라가는 도로가 차단되었다고 하여 트레일을 따라 걸어서 산 왼쪽 능선 위까지만 다녀왔다. 능선 북동쪽으로 굴뚝 바위와 송골매가 매년 둥지를 틀어 유명해진 동반 바위 Companion Rock가 장엄하게 푸른 하늘로 우뚝 솟아 신성한 기운을 발산하고 있었다. 숙소로 돌아오며 바라본 굴뚝 바위는 산 정상에 뾰족하게 솟아있어 한층 더 신비스러웠다.

DAY 11

그레이트 샌드듄 국립공원을 거쳐
파이크스 피크에 올라

콜로라도 스프링스로 이동하며 중간에 그레이트 샌드듄 국립공원을 잠시 들르는 날이었다.

숙소에서 아침 식사를 6시부터 제공하여 그 시간 조금 지나 식당에 가서 뷔페식 음식으로 배를 든든하게 채웠다. 7시경 듀랭고 숙소를 출발하여 어제 점심에 피자를 맛있게 먹었던 베이필드Bayfield, 온천으로 유명한 파고사 스프링스Pagosa Springs를 지나 울프 크릭 고개 Wolf Creek Pass(3,309m)를 넘었다.

파고사 스프링스를 비롯하여 일주일 전에 갔었던 글렌우드 스프링스Glenwood Springs, 오늘 가는 콜로라도 스프링스Colorado Springs 등 도시 명칭에 "Springs"가 들어 있으면 대개 온천으로 유명한 곳이다.

울프 크릭 고개 전망대에서 올라온 길을 내려다보니 앞 절벽 바위틈에는 침엽수가 자라고 그 아래 계곡에는 6개의 작은 호수들이 모여있어 아름다웠다.

고개를 넘어 알라모사Alamosa 마을 윗길로 접어들어 조금 가니 멀리 그레이트 샌드듄 국립공원 모래 언덕이 4,000m급 헤라드산Mt. Herard 아래 보였다.

그레이트 샌드듄 국립공원Great Sand Dunes National Park은 북아메리카에서 가장 높은 모래 언덕(230m)으로 샌 루이스 계곡의 크고 작은 호수들의 물이 없어지며 이곳에 있던 모래가 수만 년 동안 강한 남서풍 바람에 날아가 형성한 모래 언덕이다.

이 모래 언덕은 하이킹, 모래 썰매, 샌드보딩(스노보딩처럼 모래

헤라드산 아래 그레이트 샌드듄 국립공원(원경)

그레이트 샌드듄 국립공원의 모래 언덕(근경, 아래에 올라가는 사람들이 보임)

위를 미끄러져 내려가는 스포츠) 등을 즐기는 사람들이 많이 찾아온
다고 한다.

　방문자센터에서 국립공원 지도를 받은 후 조금 더 북쪽으로
올라가 피니언 플라츠 캠핑장Pinon Flats Campground에 차를 세웠
다. 오랜 세월 세찬 바람이 모래를 옮겨와 작은 산을 만든 자연
의 위대한 힘을 실감하며 거대한 모래 언덕을 한참 동안 바라
보았다. 방문자센터 쪽으로 내려오면서 보니 모래 언덕을 오르
는 사람들이 개미처럼 작게 보였으나 일정상 그렇게 하지 못하
고 떠나는 것이 아쉬웠다.

공원에서 나와 동쪽으로 달려 높은 고개 North La Veta Pass (2,869m)를 넘어 한참을 가니 85번 주간 고속도로 Inter-state Highway 변 월센버그 Walsenberg 마을이 나타났다.

이 마을 KFC Kentucky Fried Chicken 식당에서 점심을 먹고자 하였으나 당분간 드라이브 스루 drive-through 판매만 한다고 하였다. 닭튀김, 샐러드, 콜라 등을 차 안에서 펼쳐놓고 먹기가 번거롭고 아침 식사를 든든하게 하여 차에서 어제 산 바나나, 토스트, 잼, 견과류 등으로 점심을 간단히 먹었다.

85번 고속도로에 올라 계속 북쪽으로 달려 매니토우 스프링스 Manitou Springs에 있는 브로드무어 매니토우와 파이크스 피크 톱니바퀴 철도 The Broadmoor Manitou and Pikes Peak Cog Railway 기차역을 찾아갔다. 기차역에 도착하여 시계를 보니 오후 2시 30분경으로 아침에 듀랭고 숙소를 출발하여 약 570km를 7시간 30여 분 만에 달려왔다.

기차역 매표소에 가서 내일 파이크스 피크 Pikes Peak (해발 4,302m)에 올라가는 열차표가 있는지 알아보려 하였으나 오늘 오후 4시에 출발하는 열차표(106 천 원/인)도 남아 있다고 하여 즉석에서 샀다.

오늘 장시간 운전하여 피곤하였으나 내일 표가 남아 있어 표를 샀다고 해도 내일 열차를 타러 다시 와야 하는데 그 수고를

덜게 되어 기분이 상쾌해졌다.

파이크스 피크 톱니바퀴 철도는 1891년부터 운행하기 시작하였는데 세계에서 가장 높이 올라가는 톱니바퀴 열차라고 한다. 아래 기차역으로부터 정상까지 14.4km(9마일)를 3시간여에 왕복한다. 파이크스 피크 정상까지는 자동차로도 올라갈 수 있는데 8일 전인 9월 21일 차를 몰고 파이크스 피크 도로 입구까지 갔다가 사전에 예약하지 않아 되돌아갔었다.

오후 4시에 출발한 톱니바퀴 열차는 큰 바위들 지역을 지나 침엽수림과 아스펜 노란 단풍 사이를 통과하여 천천히 올라갔다. 파이크스 피크 산 정상에 가까워지자 나무들은 보이지 않고 바위들과 그 주위에 자라는 풀을 뜯고 있는 산양 3마리가 눈에 들어왔다. 여유롭게 대화를 나누고 창밖을 바라보던 탑승객들이 산양들을 사진에 담느라 바빴다.

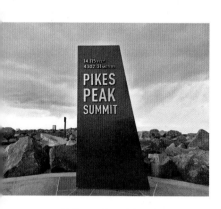

파이크스 피크 정상 표지물

산 위 열차 역에 내려 파이크스 피크 정상(4,302.31m) 표지물과 사방 산봉우리들의 웅장한 모습을 내려다보며 경치를 감상하였다. 정상 주차장에는 20여 대의 승용차들이 있었는데 8일 전에 렌터카를 몰고 이곳에 올라오려 하였으나 사전에 예약하지 않

매니토우 스프링스에서 파이크스 피크까지 운행하는 톱니바퀴 열차

우박이 내리는 파이크스 피크 정상에서 본 콜로라도 스프링스 쪽 경치

아 되돌아갔었기에 이 승용차들을 쳐다보니 무척 부러웠다.

갑자기 하늘이 흐려지고 어두워지며 우박이 내려 급히 휴게
소 건물로 피하였는데 산 아래 동쪽 "신들의 정원 Garden of God"
이 있는 콜로라도 스프링스 지역 하늘은 화창하였다.

오후 6시에 내려가는 열차를 타고 매니토우 스프링스 역으
로 돌아와 콜로라도 스프링스의 숙소 RAD 호스텔로 향하였다.
RAD 호스텔은 무료 주차 공간이 넓고 숙박 인원이 적어 2일간

6인실(2층 침대 3개)에 김춘우 사장과 둘이 보내 편하고 쾌적했다. 저녁으로 라면을 끓여 들자마자 피곤이 몰려와 세수, 양치도 하지 않은 채 잠자리에 들었다.

DAY 12

콜로라도 스프링스의 명소, 세븐 폴스

어제 피곤하여 오후 8시 20분경 잠자리에 들어 깊은 잠에 떨어졌다가 12시간이 넘은 오늘 아침 8시 30분에 일어났다. 샤워 후 주방에 가서 무료로 제공되고 있는 콘프레이크cornflakes, 우유, 귤, 커피 등으로 아침을 간단히 들고 이곳 콜로라도 스프링스의 명소 세븐 폴스Seven Falls로 차를 몰았다.

이 폭포는 사우스 샤이엔 캐니언South Cheyenne Canyon에 있는데 연이어 아래로 떨어지는 7개 폭포로 1880년대 초에 개장한 이래 개인 소유의 관광명소로 널리 알려져 있다. 일곱 개 폭포의 바닥에서 정상까지는 총 224개의 계단이 있어 걸어 오를 수 있고 그 옆에 1992년에 바위를 뚫어 설치한 엘리베이터를 타면 전망대로 올라가 폭포를 조망할 수도 있다.

콜로라도 스프링스의 세븐 폴스(아랫부분)

　　세븐 폴스 입구에 도착하니 문이 잠겨있어 주변 길을 돌며 주차장을 찾았으나 찾지 못하였다. 핸드폰 구글 검색창에 "Seven Falls Parking"을 입력하니 "1,045 Lower Gold Camp Rd"라고 주소를 알려주어 내비게이션을 찍고 그곳으로 향하였다. 10여 분 운전하여 찾아간 주차장은 노리스 펜로즈 이벤트

센터Norris Penrose Event Center 앞으로 많은 방문객이 먼저 와서 줄지어 있었다. 무료 셔틀버스를 타고 세븐 폴스로 가서 입장권을 산 후 폭포 아래까지 약1.3km를 걸어갔다.

협곡 양쪽 산봉우리는 거대하고 장엄하였으며 계곡을 흐르는 시냇물은 맑고 투명하였다. 폭포 아래에 도착하니 맨 아래 물웅덩이와 왼쪽에 가파른 철제계단이 나타났다. 철제계단을 올라 방향이 바뀌는 중간에 서니 맨 위부터 아래로 7개의 폭포가 보였다. 크고 작은 폭포들이 물소리를 내며 아래쪽으로 이어달리기 경기를 하고 있었다.

첫째 폭포까지 걸어 올라가 구경하고 아래로 내려와 엘리베이터를 타고 전망대로 갔다. 전망대에 서니 조금 전 올라갔던 철제계단 옆 7개 폭포가 한눈에 들어왔는데 폭포, 주위의 침엽수와 단풍 든 나무들이 멋진 한 폭의 산수화를 그려놓고 있었다.

오후 1시 30분경 세븐 폴스 관광을 마치고 주차장으로 돌아와 시내에 있는 수라 한식당Sura Korean Restaurant으로 점심을 먹으러 갔다. 돼지불고기 백반을 주문하여 들었는데 모처럼 한식당에서 오랜만에 식사하니 맛있어 공깃밥을 추가하여 배불리 들었다. 음식값을 카드로 계산하고 한국식료품점으로 가는 중에 영수증을 보니 식대($46.45)만 찍혀 있고 주기로 답한 팁tip

엘리베이터 전망대에서
바라본 세븐 폴스

세븐 폴스(위쪽 3개 폭포)

18%($8.36)는 빠져 있었다. 다시 식당으로 돌아가 팁이 계산서에서 빠져 있다고 하니 영업 종료 후에 팁은 별도로 추가 입력한다고 중년여성 종업원이 친절하게 설명해 주었다.

한국식료품점 Springs Korean Market에 가서 라면, 양파, 사과 등을 사고 숙소로 돌아왔다. 샤워하고 나니 어제의 피로가 덜 풀렸는지 졸음이 몰려와 침대에 눕자마자 바로 잠이 들었다.오후 5시경부터 2시간 정도 자고 일어나니 피곤은 좀 풀렸는데 불고기를 든 점심이 소화가 잘 안 되어 속이 더부룩했다.

밖에 나가 길을 따라 걷다가 인근 모텔 외부에 설치된 음료 자동판매기에서 캔 콜라 2개를 사가져 와 역시 소화가 잘 안 되어 속이 거북하던 김춘우 사장과 나눠 마셨다. 저녁 식사는 거르기로 하고 조금 쉬다가 다시 깊은 잠에 빠져들었는데 새벽에 일어나서 가방에 있는 소화제를 꺼내먹었다.

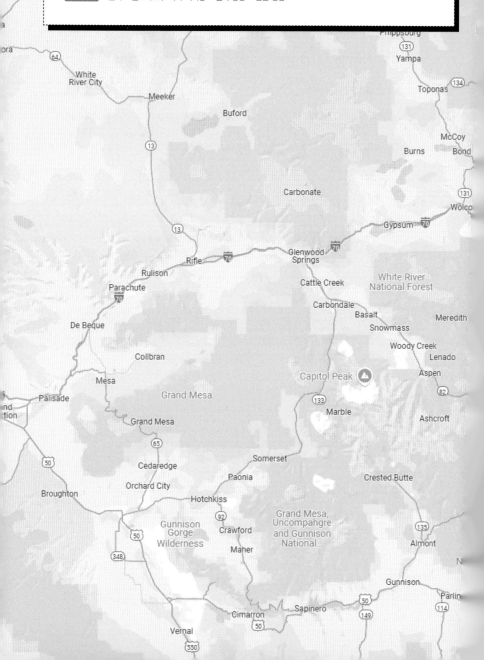

미국 콜로라도 로키 DAY 13~DAY 15

DAY 13 콜로라도스프링스 → 캐논 시티 로얄 협곡 다리 → 콜로라도스프링스 → 레드록 야외원형극장 → 덴버

DAY 14 덴버 → 에스테스 파크 → 캐즘 폭포 → 알파인 방문자센터 → 메디슨 보우 커브 → 그랜드호 → 베어호 → 덴버

DAY 15 덴버 → 콜로라도주 의회 의사당 → 덴버 공항 → 인천 공항

로얄 협곡 다리,
그리고 레드록 야외원형극장

    콜로라도 스프링스에서 남서쪽으로 60km 떨어진 캐논 시
티 Canon City에 있는 로얄 협곡 다리에 갔다가 덴버 근교 레드록
야외원형극장에 가는 날이었다.

    아침에 일어나니 오늘 새벽에 먹은 소화제의 약효가 있었는
지 속이 편해져 있었다. 어제와 같이 호스텔에서 무료로 제공
하는 콘프레이크, 식빵, 우유, 사과, 귤, 커피 등으로 아침 식사
를 하고 로얄 협곡 다리로 향하였다.

    로얄 협곡 다리 Royal Gorge Bridge는 관광목적 보행자 전용으로
깎아지른 듯한 협곡 사이를 흐르는 아칸소강 Arkansas River 위에
1929년에 건설한 철제 현수교이다. 이 다리는 다리 갑판에서

강까지 높이가 291m이고 길이가 384m로 2001년까지 70여 년간 세계에서 가장 높은 다리였었고 지금도 미국 내에서는 가장 높은 다리라고 한다. 2022년 기준 세계에서 가장 높은 다리는 중국 구이저우성 두거교Duge Bridge(565m)이고 로얄 협곡 다리는 24번째이다.

방문자센터에서 입장권(43 천 원/인)을 산 후 다리 위로 올라가 건너편으로 건너갔다. 다리 난간 위에는 미국 50개 주State의 깃발이 꽂혀 있었는데 지나가다가 필자가 2년여 살았던 위스콘신주State of Wisconsin의 깃발이 보일 때는 반가웠다.

다리 291m 아래 협곡 사이로 놓인 철로와 아칸소강을 내려다보니 까마득하고 아찔했다. 그래도 5일 전에 블랙 캐니언 오브 더 거니슨 국립공원에서 600m 이상 가파른 절벽 아래 거니슨강을 보고 느꼈던 감흥에 비하면 덜 하였다.

이 협곡 아래에는 로얄 협곡 관광열차Royal Gorge Route Railroad가 캐논 시티에서 하루에 4회 다녀간다고 하는데 아래에서 위쪽을 올려다보는 경치도 대단할 것이란 생각이 들었다.

이곳에는 이 현수교 이외에 케이블카, 놀이공원, 집라인, 스카이 코스터 등 여러 시설이 있어 가족 단위 관광객과 청년들도 많이 보였다.

캐논 시티에 있는 로얄 협곡 다리

로얄 협곡 다리 위에서 내려다본 아칸소강과 철도

스카이 코스터 시설이 있는 언덕 위까지 가서 주위 경치를 구경하고 주차장으로 돌아왔다.

콜로라도 스프링스로 오며 아비스Arby's 식당에서 햄버거와 콜라로 점심을 들고 25번 주간 고속도로Inter-state Highway에 올라 북쪽으로 향하였다.

덴버의 숙소 호스텔 피시Hostel Fish에 가기 전 덴버 남서쪽 25km 지점에 있는 레드록 야외원형극장Red Rocks Amphitheatre 으로 차를 몰았다.

이 야외원형극장은 광물이 산화되어 붉은색을 띠게 된 사암으로 둘러싸여 있으며 자연적으로 형성된 극장이지만 완벽한 음향을 선사하는 유일무이한 야외 원형극장이라고 한다. 193개 계단에 9,525석의 좌석이 있는 이 원형극장은 주로 콘서트와 음악 축제를 개최하는 장소로 유명한데 1947년 이후 거의 매년 정기적으로 콘서트 시즌을 개최하고 있다. 또한 이곳에서는 비틀즈Beatles, 마이클 잭슨Michael Jackson, 존 덴버John Denver, 카펜터스Carpenters, 그레이트풀 데드Greatful Dead, 록그룹 U2, 브루노 마스Bruno Mars 등 세계 유명 스타들이 전설적 무대공연을 펼쳤다고 한다.

공연이 있는 날에는 아래쪽 주차장에 주차하고 걸어 올라와야 한다고 하는데 오늘은 공연이 없는 날이라서 야외원형극장 앞까지 차를 타고 갔다. 원형극장 앞에 서니 좌우에 거대한 붉은 바위가 떡하니 자리하고 있고 앞쪽으로 계단식 좌석과 무대, 그 뒤로는 구릉지와 평원이 시원하게 펼쳐져 있었다.

텅 빈 무대와 객석을 돌아보며 밤에 화려한 조명 아래 무아지경에 빠져 공연하는 유명 스타와 열광하는 만여 명의 관객을

덴버 근교의 레드록 야외원형극장

보아야 이곳의 참모습을 보는 것이란 생각이 들었다.

공연장 옆 방문자센터 내 이곳의 역사와 80년간 공연한 유명인들을 소개하고 있는 명예의 전당을 둘러보고 덴버 숙소로 향하였다.

DAY 14

로키마운틴
국립공원

미국 콜로라도 로키 여행 첫날 방문하였다가 사전 예약을 하지 않아 돌아왔었던 로키마운틴 국립공원Rocky Mountain National Park을 다녀오는 날이었다.

라면, 김치, 식빵 등으로 아침을 먹고 이번 콜로라도 로키 여행 중 렌터카로 가장 높이(3,713m) 올라가는 날인데 젊은 김춘우 사장이 운전하기로 하고 8시경 출발하였다. 1시간여를 달려 로키마운틴 국립공원 입구 에스테스 파크Estes Park 마을에 도착하였다.

이곳에서 로키마운틴 국립공원 내부를 관통하는 최초의 자동차도로인 올드 폴리버 로드Old Fall River Road로 로키산맥을 넘어 그랜드호수Grand Lake까지 갔다가 돌아올 때는 트레일 리지 로드Trail Ridge Road를 거쳐 베어 호수Bear Lake로 가기로 하였다. '올드 폴리버 로드'는 1920년에 개통된 17.6km(11마일)의 비포장 1차선 도로로 이 도로의 동쪽 출발 지점부터 정상인 알파인 방문자센터Alpine Visitor Center까지 일방통행만 허용되고 주행 속도도 24km(15마일)로 제한되어 있었다.

폴리버 방문자센터Fall River Visitor Center를 지나 조금 달리니 비포장도로가 나타났다. 이곳부터 알파인 방문자센터까지 좁고 가파른 길이라서 천천히 올라갔는데 비포장도로로 얼마 안 가서 캐즘 폭포Chasm Falls 안내판이 보여 차를 세웠다.

로키마운틴 국립공원의 캐즘폭포

산길로 조금 내려가니 바위 좁은 틈새로 세차게 흘러내리는 예쁜 폭포가 앞에 나타났다. 100여 년 전부터 차를 몰고 로키산맥 고개를 넘는 사람들에게 잠시 휴식을 제공한 폭포의 작은 물줄기를 바라보니 친근감이 들었다.

올드 폴리버 로드 전망대 아래 침엽수림과 그사이 비포장도로

    폭포를 보고 나서 한쪽에 가드레일이 없는 낭떠러지 지그재 그 좁은 산길을 한참 올라갔다. 전망대에서 올라온 길 아래를 내려다보니 좌우의 웅장한 산 사이 깊은 계곡 침엽수림 안쪽에 비포장길이 띄엄띄엄 보였다. 멋진 경치를 감상한 후 올드 폴 리버 로드 정상에 있는 '알파인 방문자센터(3,595m)'에 올라 잠 시 쉬었다가 그랜드호수Grand Lake 쪽으로 내려갔다.

    로키마운틴 국립공원의 동쪽 에스테스 파크 마을부터 알파인 방문자센터를 거쳐 서쪽 그랜드호수까지 산등성이를 연결하는 도로를 1932년 완공하였는데 이 길을 트레일 리지 로드Trail Ridge Road라고 한다. "하늘로 가는 고속도로"란 별명이 붙은 이 도로는 미국 대공황기에 일자리를 제공하기 위한 대규모 건설사업의 일환으로 77km(48마일), 2차선으로 만들어져 기존의 '올드 폴리버 로드'를 대체하였다.

조금 내려가니 왼쪽으로 크게 돌며 회전하는 곳에 많은 차가 주차하고 있어 차에서 내렸다. 이곳은 메디신 보우 커브Medicine Bow Curve(3,548m)로 주위엔 나무가 자라지 않는 고산지대로 위

트레일 리지 로드의 알파인 방문자센터 주차장(오른쪽 중간)과 메디신 보우 커브(왼쪽 중간)

로키마운틴 국립공원의 그랜드호수

쪽으로는 이 도로의 정상(3,713m)으로 가는 완만한 경사의 도로
가 보이고 아래로는 내려가는 도로와 침엽수림이 우거진 산봉
우리들이 보였다. 탁 트여 시원스럽게 보이는 로키산맥의 서쪽
과 남쪽 경치를 감상하고 차에 올랐다.

그랜드호수에 도착하여 왼쪽 호숫가로 가니 이름 모를 흰 꽃
들이 피어있고 큰 호수에 일렁이는 물결이 햇빛에 반사되어 하
얀 구슬같이 반짝이고 있었다. 호숫가 집들에는 선착장들이 있
었으나 배와 사람들은 보이지 않아 조용하고 고즈넉하였다. 큰
길가로 나와 식당을 찾았으나 발견한 한 식당이 영업하지 않고

있어 가게에서 캔 콜라를 사서 마시고 차에 기름을 넣은 후 내려왔던 길로 다시 들어섰다.

알파인 방문자센터에 도착하여 점심을 먹으려 하였으나 요리한 음식 메뉴가 없어 초콜릿파운드, 쿠키 등으로 간단히 들었다. 점심 식사 후 산등성이 트레일 리지 로드에 올라 이 도로의 최고 높은 지점(3,713m)을 지나 고산지대 구불구불한 도로변에 있는 전망대 2곳에서 잠시 황량한 경치를 감상하였다.

급커브 경사길을 여러 번 돌아서 내려가니 베어 호수로 가는 분기점이 나오고 조금 더 가니 모레인 공원 디스커버리 센터 Moraine Park Discovery Center가 보였다. 베어 호수 예약 시간이 오후 4시여서 이곳에서 20여 분 기다리니 호수로 가는 길을 터주었다.

호수 주차장에 차를 세우고 조금 걸어 들어가자 베어 호수안 내판에 호수 주위 트레일 길이가 990m라 적혀있어 짧기에 한 바퀴 돌기로 하고 오른쪽 길로 들어섰다.

로키마운틴 국립공원에서 2일 이상 머무는 방문객들은 베어 호수에서 님프 호수(편도 800m), 드림 호수(1.8km), 에메랄드 호수(2.9km)까지도 많이 다녀온다고 한다.

파란 하늘과 짙푸른 호수, 호수를 둘러싸고 있는 곧게 솟은 녹색 침엽수림과 아스펜 노란 단풍이 어우러진 바위산 등 경치를 감상하며 발걸음을 천천히 옮겼다.

호수 중간쯤 가니 오리 한 쌍이 잔잔한 수면에 물결을 일으키며 평화롭게 놀고 있었다. 베어 호수 트레일을 돌며 이것이

로키마운틴 국립공원의 베어 호수

로키마운틴 국립공원의 베어 호수와 할렛봉Hallett Peak(3,875m)

로키마운틴 국립공원 비버 메도우스Beaver Meadows 방문자센터 인근의 엘크 무리

오늘의 마지막 일정이고 내일 저녁때 귀국한다고 생각하니 마음에 여유가 생겨 주변 경치가 더 많이, 더 자세히 보였다.

한 시간여 호수를 돈 후 에스테스 파크 마을로 내려가는데 오른쪽 초원에 엘크 10여 마리 이상이 무리 지어 풀을 뜯고 있었다. 무리 뒤쪽에 위풍당당하게 서 있는 뿔이 큰 수컷 엘크는 차를 타고 오가는 방문객들을 한참 쳐다보며 잘 가라고 인사하는 듯했다.

덴버 숙소로 돌아와 공영주차장 옆에 있는 푸드트럭 food truck에서 저녁을 먹었다. 오랜만에 오이 피클, 양파 볶음, 옥수수, 버섯 등을 넣은 핫도그를 들었는데 주인이 특별히 내어준 절인 고추를 곁들이니 더 맛있었다.

DAY 15

콜로라도주 의회 의사당을 보고
인천공항으로

오전에 콜로라도주 의회 의사당을 둘러본 후 오후에 렌터카를 반납하고 귀국행 비행기에 오르는 날이었다.

콜로라도주 의회 의사당Colorado State Capitol은 워싱턴 D.C.의 국회의사당을 본떠서 1886년에 짓기 시작하여 1903년에 완공하였다. 이 의사당의 독특한 점은 콜로라도의 골드러시Gold Rush를 기념하여 1908년에 중앙의 거대한 돔Dom 외부를 순금 (5.67kg) 금박으로 덮어 황금빛으로 빛나고 있다는 것이다.

오전 10시경 의회 의사당 주변에 도착하였으나 주차장을 못 찾아 의사당 건물과 앞쪽 공원을 두 바퀴 돌다가 공원 길 건너 도로변 코인 주차장에 빈자리가 한 곳 있어 간신히 주차하였다. 의사당 건물 번쩍이는 돔Dom 지붕을 바라보며 언덕 위로

콜로라도주 의회 의사당 건물(서쪽)

올라가니 서쪽 출입문 계단 앞에 10여 명 방문객이 모여 가이더의 설명을 듣고 있었다.

가이더 설명 중에 덴버Denver시의 해발 고도가 1마일(1,600m)이라서 덴버시의 별명이 "고도 1마일 도시Mile High City"라고 하며 서쪽 출입문 위쪽으로부터 15번째 계단에 "ONE MILE ABOVE SEA LEVEL"이라고 새겨진 부분을 손으로 가리켰다. 또한 2003년 다시 측정한 결과 13번째 계단이 정확한 1마일 높이라서 계단 위에 붉은색으로 동그랗게 표시하였다고 하였다.

주의회 의사당 지하 1층 출입문을 통하여 건물 안으로 들어갔는데 의사당 기둥과 바닥 등을 콜로라도산 흰색 대리석과 이 건물에서만 볼 수 있다는 귀한 분홍색 대리석(로즈 오닉스)으로 만들어 화려하고 웅장하였다. 많은 창문은 콜로라도주 역사와 관련한 인물들이나 사건을 묘사한 스테인드글라스로 만들어져 실내의 아름다움을 더 하고 있었다.

주 상원과 하원 회의실은 고급 목제가구와 커다란 샹들리에로 꾸며져 우아하고 고상하였다. 3층 로툰다 rotunda 원형 홀에 올라가니 벽면에 미국 대통령의 초상화들이 두 줄로 걸려 있는 것이 무척 인상적이었다.

콜로라도주 의회 의사당 "해발 1마일" 표시 계단

지하 1층으로 내려와서 무인 카페 겸 점포에서 커피를 한잔 마셨다. 계산 방법 안내문을 보니 물품에 부착된 바코드bar code를 스캔하여 계산하는 시스템인데 커피는 "바코드 없는 품목" 난을 누른 다음 "커피" 항목을 누른 후 신용카드로 결제하였다.

주의회 의사당을 나와 덴버 동남쪽에 한국 교민들이 많이 거주하고 있는 오로라Aurora시 지역으로 점심을 먹으러 갔다. 내비게이션을 보며 가다가 큰 상가 건물에 한글 간판들이 보여 주차장으로 들어가 "무봉리 순대국" 식당에서 뼈다귀해장국과 깍두기, 풋고추 등으로 배를 든든히 채웠다. 식당 주인에게 물어 건물 뒤편 한아름 마트H MART로 가서 귀국 선물로 견과류, 초콜릿, 육포 등을 산 후 덴버 국제공항으로 차를 몰았다.

덴버 공항에서 렌터카를 반납하며 운행 중 엔진 오일 교체 요구 문자가 계기판에 계속 떴었다고 알려주며 차를 빌려주기 전에 엔진 오일 사전 점검을 당부하였다.

오후 7시에 덴버 공항을 출발하여 샌프란시스코 공항에서 한국행 비행기로 갈아탔다. 좌석에 앉아 조금 지나니 졸음이 몰려왔는데 그동안에 보았던 아름다운 로키의 설산과 아스펜 단풍 경치가 눈앞에 파노라마처럼 펼쳐졌다가 사라져갔다.

로키산맥 한 달 여행

초판 인쇄 2025년 3월 29일
초판 발행 2025년 4월 5일

지은이 김춘석
펴낸이 김상철
발행처 스타북스
등록번호 제300-2006-00104호
주소 서울시 종로구 종로 19 르메이에르종로타운 A동 907호
전화 02) 735-1312
팩스 02) 735-5501
이메일 starbooks22@naver.com

ISBN 979-11-5795-767-5 03980